Lisez entre les branches.
Un trésor vous attend.

LE SECRET DES ARBRES GUÉRISSEURS

Clous, loques et 7 pouvoirs

Edition originale
ISBN 978-2-9602911-6-2

Même dans les nuits les plus sombres,
l’arbre rêve de lumière.

L.Croes

Chêne à Loques de Stambruges

À propos de l'auteur

Lionel Croes est un homme de deux mondes, un pont entre deux cultures.
Belgo-sénégalais, il a grandi dans les bois mystérieux de Stambruges, un lieu qui a façonné son imaginaire et son profond attachement à la nature.

À 17 ans, il découvre le Sénégal, une terre qui deviendra sa seconde patrie pendant plus de quinze ans. Accueilli par une famille de pêcheurs devenue la sienne, il s'immerge dans la culture locale et poursuit des études supérieures à l'Université de Dakar, où il obtient un master en sociologie.

Rapidement confronté à la réalité des enfants des rues, il s'engage corps et âme dans l'humanitaire. Il crée l'association Solidarité Belgique Sénégal, pour laquelle il réalise le long métrage "Sama Rak", un projet qui lui vaudra le trophée du "Belge du bout du monde" de la RTBF en 2016.

Créateur polyvalent, il est aussi le réalisateur d'une série avec sa chienne Croquette, qui a conquis le cœur de millions d'internautes sur YouTube.

Revenu en Belgique suite à la pandémie, son amour du vivant l'a conduit naturellement vers le parc animalier Pairi Daiza, considéré comme le plus beau d'Europe, où il travaille comme guide. Avec sa collègue Véronique Ravêche, il développe des projets pour la protection de la nature. Il met également ses compétences au service de la culture en tant que chargé de communication.

De ses racines en Wallonie picarde à son engagement en Afrique, Lionel Croes n'a cessé d'explorer les liens qui unissent l'homme à la nature. Ce livre est le fruit de son parcours : un regard d'enquêteur, un cœur de gardien et la conviction profonde que notre avenir se trouve au pied des arbres.

Du même auteur:

- Le Lion Noir: Les Sorcières de Stambruges, Tome 1, 2022, Comélion, P16, 6,3/11,5
- Sama Rak: La légende du Lycaon, 2023, Comélion, coécrit avec des collègues
- Assane et Senghor: Ensemble pour la Nature, coécrit avec Véronique Ravêche 2025, Comélion

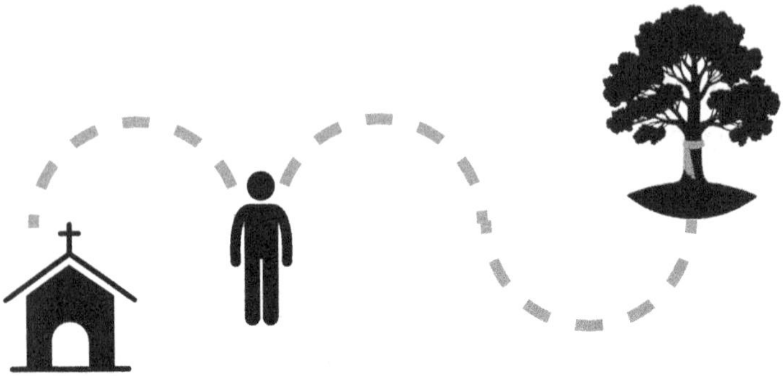

SOMMAIRE

Comélion

La vente de ce livre se fait au profit de
l'**Association Solidarité Belgique Sénégal**,
afin de soutenir
notre projet de valorisation de ce patrimoine.
www.solbelsen.org
Les dons sont fiscalement déductibles.

—.. ..— .—.. .. ——— —— —. —. ——— .. .—.

Mon retour à Stambruges, des décennies après, ne fut pas seulement la visite nostalgique d'un lieu de convalescence.
En voyant cette chapelle en ruine et ce chêne vénérable étouffé par les loques, une nouvelle question s'est imposée à moi, celle d'un enquêteur face à un mystère : **qu'est-ce qui pousse encore les gens à se confier à cet arbre, malgré le temps, malgré l'oubli ? Et quelle est l'histoire profonde de ce lieu, bien au-delà de mes souvenirs d'enfance ?**
C'est avec ces interrogations que j'ai enfilé mon costume d'anthropologue.

Bien avant l'accident du pigeonnier, bien avant même la découverte de ma dette envers les arbres de Stambruges, il y a cette photo.
Nous sommes en 1988, j'ai 18 mois. Ma sœur jumelle est habillée en bleu en référence à la Vierge Marie. Et moi... oui, maman m'habillait en rose comme les Grecs de l'Antiquité.

Mais l'essentiel n'est pas dans nos tenues. Il est dans ce geste. Ma main, posée sur l'écorce de l'arbre du jardin. Un premier contact, instinctif et curieux.

Introduction

À l'âge de six ans, je suis tombé d'un pigeonnier de trois mètres de haut. Ma chute s'est terminée brutalement, ma tête heurtant le tronc d'un arbre. Le diagnostic fut sans appel : fracture du crâne. J'ai passé trois jours dans le coma.

À mon réveil, et vous allez peut-être en rire, je n'ai plus jamais vu la nature de la même façon. Une connexion étrange, presque électrique, s'était nouée.

J'ai commencé à collectionner les feuilles des arbres dans un herbier et la forêt, autrefois simple décor de mes jeux, est devenue un refuge où je me sentais inexplicablement bien, en sécurité.

Ce lien, né d'un choc, a sommeillé en moi pendant des années. Il a fallu mon retour d'Afrique, en 2021, pour qu'il se révèle dans toute sa dimension, presque comme une prédestination, ici, dans mon petit village de Wallonie picarde, à Stambruges.

J'y ai retrouvé la chapelle Notre-Dame de l'Arbre-au-Puits ou encore de l'Arconpuch laissée à l'abandon.

À ses côtés, les deux arbres guérisseurs de mon enfance : un vieux chêne et la souche encore vivace d'un robinier faux-acacia tombé en 2009, sur laquelle des mains anonymes continuent de déposer des loques, ces morceaux de tissu porteurs d'espoir, et dépositaires de souffrance. J'ai décidé de restaurer la chapelle et de devenir le gardien du lieu. Chaque dimanche, je marche le kilomètre qui nous sépare pour balayer et entretenir les bougies de neuvaine que les gens déposent.
Cette mission, je croyais l'avoir choisie.
Mais en réalité, elle m'a choisi.
En faisant des recherches pour un documentaire, je suis tombé sur une photo de moi, bébé, sur les genoux de Mémère, juste devant cette chapelle. Sur l'écorce du tronc de l'arbre guérisseur, ma famille avait accroché une de mes chaussettes.
Une offrande modeste pour soigner mon pied bot. Ma grand-mère m'a aussi raconté qu'un de mes mouchoirs y fut déposé pour apaiser mes crises d'asthme d'enfant. Mon mal a ensuite disparu. Est-ce le robinier ?
Je ne sais pas mais ce jour-là, j'ai compris.

Je ne remboursais pas une, mais deux dettes. Celle de la vie, offerte par l'arbre qui a freiné ma chute, et celle de la guérison, confiée à celui qui veillait sur la chapelle.

Et l'amour du Vivant n'a cessé de grandir.
Il m'a poussé à devenir guide pédagogique dans ce qui est considéré comme le plus beau parc animalier d'Europe, Pairi Daiza, un lieu où je partage ma passion pour la nature et les animaux.
Il m'a aussi mené au Sénégal où, avec mon association Solidarité Belgique Sénégal, nous avons planté des centaines d'arbres fruitiers pour offrir autonomie et nourriture aux familles.

Mais c'est ici, à Stambruges, que ma quête a pris sa forme la plus intime. Mon rôle de gardien m'a transformé en enquêteur.
Au pied des arbres, je découvre d'étranges offrandes : des lettres scellées, des coquilles d'œufs remplies de miel, des tétines, des photos, des feuilles de sauge...
Chaque objet est un mystère, le fragment d'une histoire confiée à l'écorce.

Est-ce un lieu magique ?

Les anciennes légendes des sorcières de Stambruges, qui ont inspiré mon premier roman *"Le Lion Noir"*, sont-elles toujours actives ?
Que l'enquête commence.
Qu'on y croit ou pas, ces arbres guérisseurs existent partout dans le monde.
Mais que se passe-t-il vraiment, ici ?
Est-ce la foi qui guérit ?
Ou l'arbre possède-t-il des pouvoirs que nous avons oubliés ?
Ma fascination a grandi avec la lecture du merveilleux ouvrage de Peter Wohlleben,
La vie secrète des arbres, qui a révélé à mes yeux ce que la science confirme aujourd'hui :
les arbres communiquent, s'entraident, ressentent. Des chercheurs ont même prouvé que l'atmosphère de la forêt et la simple vue de la nature pouvaient réduire nos hormones de stress et accélérer la guérison.
Et si ces croyances populaires, transmises à travers les âges, puisaient leur source dans une sagesse intuitive, une connaissance profonde des bienfaits réels de la nature ?

Ce livre est le fruit de cette enquête.
Un voyage qui nous mènera des rites celtiques aux neurosciences, à la découverte des sept pouvoirs de l'arbre. C'est aussi un combat car aujourd'hui, ce patrimoine incroyablement précieux est terriblement fragile. J'ai lancé une pétition pour protéger l'Arbre à loques de Stambruges.
Celui d'Herchies l'est.
Et mon ambition est de le faire inscrire au Patrimoine Culturel Immatériel de la Fédération Wallonie-Bruxelles. Car en sauvant ces arbres, ce n'est pas seulement un folklore que nous préservons, mais une part de notre humanité et une connexion vitale au monde vivant.
Ce livre recèle plus de secrets qu'il n'y paraît, et certains ne se révèlent qu'aux esprits les plus curieux, cherchant des mots dans les maux.

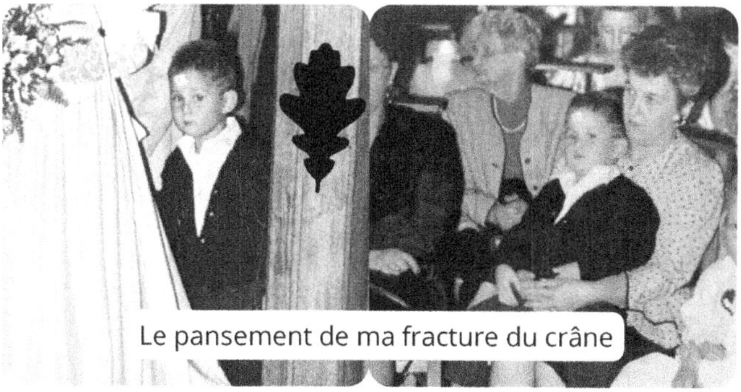
Le pansement de ma fracture du crâne

promenade à l'arbre au fruit
avec mémère maman
pour que p'tit frère guérisse
6 bougies
2 mémère
2 maman
1 Lionel
1 Stéphanie

Cette photo, tirée de l'album familial, nous ramène à l'été 1988, un an avant le centenaire de la chapelle. Le bébé caché dans l'ombre, c'est moi. À mes pieds, on devine les chaussures correctrices que je portais alors pour mon pied bot.

À nos côtés se dresse la chapelle, veillée par son compagnon de l'époque : le robinier faux-acacia qui recueillait les loques des pèlerins.
Pour suivre le rituel et y confier ma guérison, ma grand-mère a délicatement déposé l'une de mes chaussettes sur ses branches, avant que nous allumions des bougies.

Déraciné par une violente tempête en 2009, le robinier a depuis laissé sa charge sacrée au chêne voisin, sur lequel le culte se perpétue aujourd'hui, immuable.

Point d'étape de l'enquête :
L'appel des racines

Ce premier pas dans l'enquête m'a révélé l'ampleur de la dette qui me lie à cet arbre et à ce lieu. La photo de mon enfance n'est pas qu'un souvenir ; c'est un point de départ, une énigme personnelle qui me pousse à comprendre un phénomène bien plus vaste.

Pour l'instant, je ressens surtout l'appel de ces racines, cette nécessité de retrouver le chemin de l'Arconpuch pour y chercher des réponses. Mais ce qui m'attend là-bas, et la manière dont ce lieu a façonné ma propre histoire et celle de ma famille, reste encore à découvrir.

Partie I :
Qu'est-ce qu'un arbre ?

1 : L'arbre, cet être social

Si je vous demande ce qu'est un arbre, vous me décrirez probablement un tronc, des branches, des feuilles et des racines.
Vous penserez à un être solitaire et silencieux, immobile, dont la seule fonction est de grandir vers le ciel. C'est ainsi que nous avons longtemps perçu le monde végétal : comme un simple décor, une ressource à notre disposition. Pourtant, cette vision est aussi limitée que de décrire un être humain en ne parlant que de son squelette. La réalité, révélée par des années de recherches et d'observations patientes, est bien plus fascinante.

L'arbre n'est pas un individu isolé.

C'est un être social, doté de capacités de communication et d'entraide qui rivalisent de complexité avec celles des sociétés animales.

Forêt de Stambruges

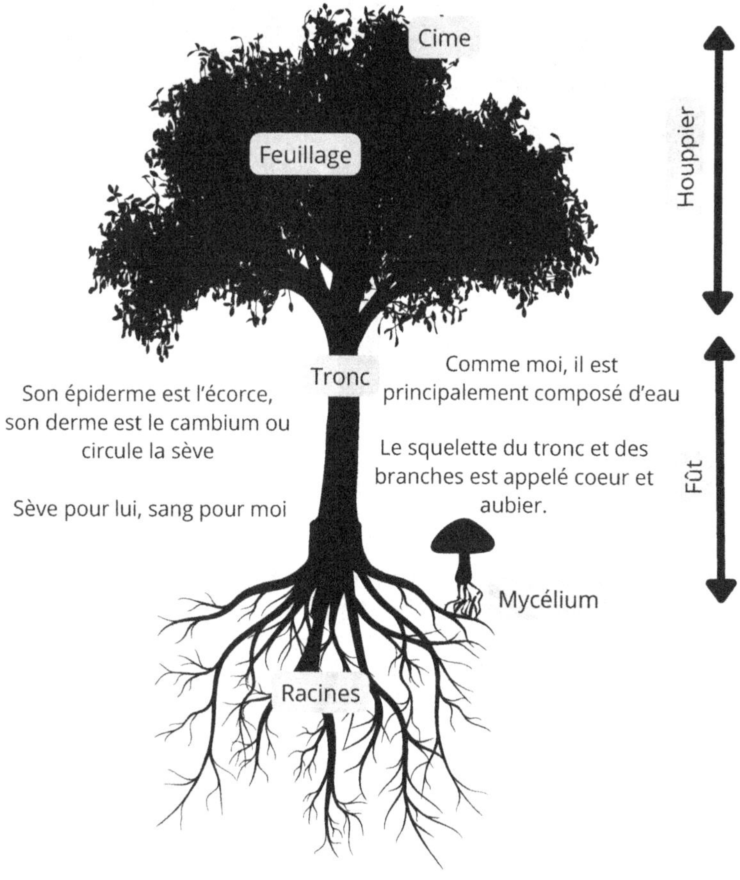
Cime
Feuillage
Houppier
Tronc
Son épiderme est l'écorce, son derme est le cambium ou circule la sève
Sève pour lui, sang pour moi
Comme moi, il est principalement composé d'eau
Le squelette du tronc et des branches est appelé coeur et aubier.
Fût
Mycélium
Racines

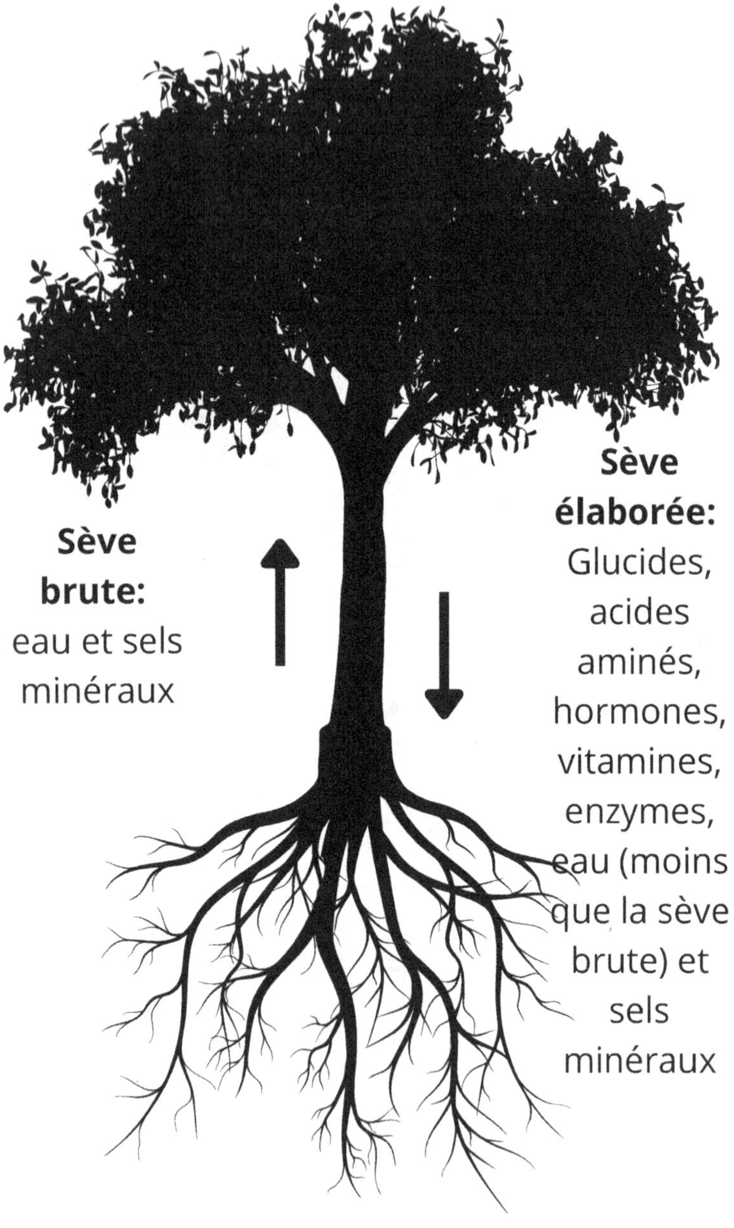
Sève brute:
eau et sels minéraux
Sève élaborée:
Glucides, acides aminés, hormones, vitamines, enzymes, eau (moins que la sève brute) et sels minéraux

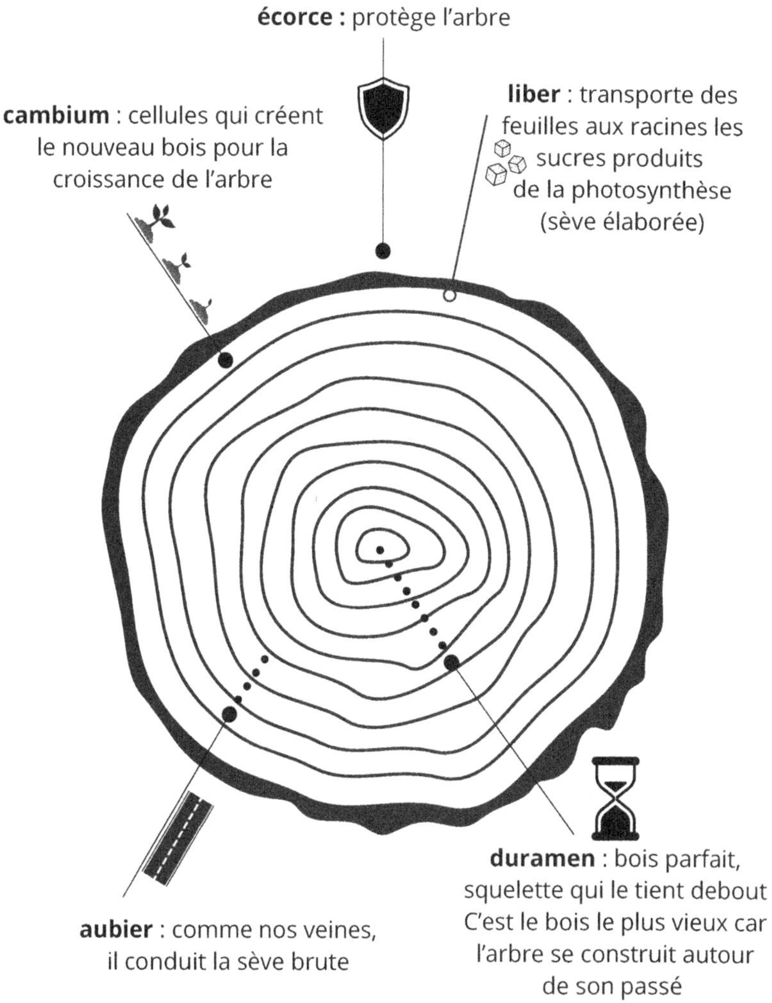
écorce : protège l'arbre
cambium : cellules qui créent le nouveau bois pour la croissance de l'arbre
liber : transporte des feuilles aux racines les sucres produits de la photosynthèse (sève élaborée)
aubier : comme nos veines, il conduit la sève brute
duramen : bois parfait, squelette qui le tient debout C'est le bois le plus vieux car l'arbre se construit autour de son passé

cambium
écorce
liber
aubier
duramen

2 : Les familles d'arbres

Fermez les yeux et imaginez-vous marcher en forêt. Que ressentez-vous ? La fraîcheur de l'air, l'odeur de l'humus, le jeu de la lumière à travers les feuilles... C'est une expérience universelle et pourtant, profondément intime. Mais toutes les forêts se ressemblent-elles ? Une balade dans une plantation de pins, alignés en rangs stricts sur un sol nu, procure-t-elle la même sensation qu'une promenade dans un bois ancien, où les troncs moussus de tous âges s'entremêlent dans un désordre apparent et harmonieux ?

Non. Car une forêt n'est pas qu'un simple regroupement d'arbres. C'est une société, une famille avec sa propre histoire, ses propres règles et son propre caractère.
Pour comprendre l'arbre, il faut d'abord comprendre la famille à laquelle il appartient.

La forêt primaire
Le souvenir du monde

La forêt primaire, ou forêt vierge, est le sanctuaire originel. C'est une forêt qui n'a jamais été significativement modifiée par l'homme. C'est un écosystème qui a évolué sur des milliers d'années, atteignant un équilibre d'une complexité inouïe. En Europe, il n'en reste quasiment plus, à l'exception de quelques parcelles protégées comme la forêt de Białowieża en Pologne.

À quoi ressemble-t-elle ? C'est une cathédrale de vie. Des arbres de tous âges s'y côtoient : de jeunes pousses patientant dans l'ombre, des géants plusieurs fois centenaires, et des arbres morts, couchés au sol ou encore debout. Ce bois mort, loin d'être un déchet, est en réalité une source de vie essentielle, nourrissant une myriade d'insectes, de champignons et de micro-organismes qui enrichissent le sol. C'est là que la communauté des arbres fonctionne à son plein potentiel, dans une solidarité parfaite.

La forêt d'exploitation
L'orphelinat des arbres

À l'opposé se trouve la forêt d'exploitation, ou plantation. C'est une forêt créée par l'homme et pour l'homme, généralement pour la production de bois. L'ordre y règne : les arbres sont souvent de la même espèce (monoculture), du même âge, et plantés en rangs parfaits. Le sous-bois y est pauvre, le bois mort systématiquement enlevé.

Si la forêt primaire est une famille, la plantation est un orphelinat. Comme l'explique Peter Wohlleben, ces arbres sont coupés de leurs racines sociales. Leurs systèmes racinaires, souvent abîmés lors de la plantation, peinent à se connecter au réseau souterrain. Ils ne bénéficient ni de l'éducation des aînés, ni de l'entraide de la communauté. Poussés à grandir vite, ils développent un bois moins dense, ce qui les rend plus vulnérables aux tempêtes et aux maladies. Ils vivent et meurent en individus isolés, atteignant rarement l'âge vénérable de leurs cousins sauvages.

La forêt wallonne
Notre trésor mosaïque

Et nos forêts, en Wallonie ? Elles sont un héritage complexe, une mosaïque fascinante façonnée par l'histoire. Près de 80% de la surface forestière belge se situe sur notre territoire, ce qui représente une richesse immense, mais aussi une grande responsabilité.

La grande "Forêt Charbonnière" qui recouvrait nos régions à l'époque romaine a presque entièrement disparu, défrichée au fil des siècles. Nos forêts actuelles sont donc majoritairement des forêts secondaires : des forêts qui ont repoussé sur des terres autrefois exploitées. Certaines sont gérées de manière intensive, ressemblant à des plantations. D'autres, laissées plus tranquilles, ont eu le temps de se "ré-ensauvager".
Elles ne sont pas primaires, mais elles ont retrouvé une grande partie de la complexité et de la biodiversité des forêts anciennes.

De la Forêt de Soignes aux portes de Bruxelles aux vastes étendues des Ardennes, la forêt wallonne est un patrimoine vivant. C'est dans ce cocon que nous marchons.
C'est en son sein que des arbres comme ceux de Stambruges ont pu devenir des points de repère, des confidents et des guérisseurs, pour des générations d'habitants.

Comprendre sa nature, à la fois cultivée et sauvage, est la première étape pour saisir le lien unique qui nous unit à elle.

Cette forêt, notre forêt, n'est pas qu'un ensemble de parcelles à gérer. C'est une mémoire collective, un lieu de ressourcement et, comme nous allons le voir, un lieu où des individus exceptionnels se distinguent parfois du reste de leur famille.

Un tour du monde des familles forestières

La famille des arbres ne se limite pas à nos frontières. Chaque climat a sculpté des sociétés forestières aux adaptations et aux personnalités uniques. Comprendre ces grandes familles du monde nous aide à mieux saisir la place et la spécificité de notre propre patrimoine forestier.

La famille du grand Nord
La forêt boréale (Taïga)

S'étirant comme une immense ceinture verte tout autour du pôle Nord, de la Scandinavie à la Sibérie et au Canada, la taïga est la plus grande forêt du monde. C'est une famille endurcie, une société de survivants adaptée aux hivers longs et glaciaux. Ici, les conifères sont rois : les épicéas, les pins et les mélèzes dominent, avec leurs silhouettes coniques conçues pour laisser glisser la lourde neige. Pour résister au gel, ils produisent dans leurs aiguilles une sécrétion qui agit comme un antigel naturel. La vie y est lente, presque suspendue. La croissance est un luxe que l'on ne s'offre que durant les courts étés.

Mais cette lenteur a une vertu : cette forêt immense est l'un des plus grands puits de carbone de la planète; un régulateur climatique essentiel pour nous tous.

La famille de l'abondance
La forêt tropicale humide

Si la taïga est le royaume du silence et de l'endurance, la forêt tropicale, comme l'Amazonie, est celui de l'exubérance et de la compétition acharnée. Souvent appelée le "poumon de la planète", c'est une explosion de biodiversité. La chaleur et l'humidité constantes permettent une croissance ininterrompue, mais la ressource la plus précieuse y est la lumière. La vie s'y organise en strates, comme dans un gratte-ciel.

Au sommet, la canopée, les arbres géants forment un toit si dense que le sol est plongé dans une pénombre quasi permanente.

En dessous, c'est une lutte féroce pour capter le moindre rayon de soleil. Les lianes grimpent sur les troncs, les orchidées s'accrochent aux branches... chaque espace est conquis.

La vie et la mort s'y côtoient à un rythme effréné : un arbre qui tombe est immédiatement décomposé et ses nutriments recyclés, créant une ouverture vers le ciel pour la génération suivante.

La famille des géants
La forêt tempérée humide

Moins connue, cette famille est peut-être la plus impressionnante. On la trouve dans quelques rares régions du monde où les pluies sont abondantes et les températures douces, comme sur la côte Pacifique de l'Amérique du Nord. C'est le foyer des plus grands êtres vivants de la planète : les séquoias. Dans ces forêts, l'humidité est partout. Les troncs sont recouverts d'une épaisse couche de mousse, et le sol est un tapis de fougères.
L'atmosphère y est presque mystique, silencieuse et majestueuse.
Ces arbres géants, qui peuvent vivre des milliers d'années, sont la preuve vivante de ce qu'une communauté d'arbres peut accomplir lorsque les conditions sont idéales. Comme le souligne Peter Wohlleben, lorsqu'on plante ces séquoias en Europe, ils peinent à grandir ; ce sont des "enfants des rues", privés de leur famille et de leur terre nourricière.

La famille des amphibies
La mangrove

Il existe enfin des familles d'arbres qui ont accompli l'impossible : vivre entre la terre et la mer. La mangrove est une forêt amphibie, adaptée aux eaux salées des littoraux tropicaux.
Ses membres, les palétuviers, ont développé des stratégies de survie incroyables.
Leurs racines en échasses les ancrent solidement dans la vase instable, tandis que d'autres racines, les pneumatophores, sortent de l'eau pour capter l'oxygène de l'air.
Cette forêt unique joue un rôle capital : elle protège les côtes de l'érosion et des tsunamis, et ses racines immergées servent de nurserie à d'innombrables espèces de poissons et de crustacés.

Nos trésors de Wallonie

Nul besoin de traverser les océans pour rencontrer des patriarches. Notre Wallonie abrite elle aussi des arbres remarquables, plus modestes en taille, mais tout aussi riches en histoire.

- Le **Gros Chêne de Liernu**, avec sa circonférence de près de 15 mètres et son âge estimé à plus de 1 000 ans, est l'un des plus vieux chênes d'Europe.
  La légende raconte qu'il fut sauvé de l'abattage par un curé qui y plaça une statuette de Saint Antoine.

- Le **Tilleul d'Anthisnes**, un arbre de justice vieux de plusieurs siècles, marquait la frontière entre deux principautés.

- Et que dire des arbres fétiches, comme **le chêne à clous d'Herchies** ?
  Leur caractère exceptionnel ne vient pas seulement de leur âge, mais de la charge émotionnelle et spirituelle que des générations y ont déposée.

Chêne de Liernu

Chêne d'Herchies

3: Les arbres remarquables

Au sein des grandes familles forestières que nous avons explorées, certains individus défient l'imagination. Ils repoussent les limites du vivant, que ce soit par leur taille, leur âge ou leur incroyable capacité d'adaptation. Ces arbres de tous les records nous obligent à repenser notre propre échelle du temps et de l'espace, et nous montrent à quel point la nature peut être spectaculaire.

Le plus grand
Le Titan qui touche le ciel

Dans les brumes de la Californie, au sein de la famille des forêts tempérées humides, vit le champion indiscutable de la hauteur :
un séquoia à feuilles d'if (**Sequoia sempervirens**) nommé **Hyperion**.
Découvert en 2006, il mesure **115,85 mètres**, soit l'équivalent d'un immeuble de 35 étages.
Son existence est un miracle d'ingénierie naturelle, car transporter l'eau et les nutriments à une telle hauteur relève de la prouesse physique. Se tenir à son pied, c'est ressentir une humilité profonde face à un être qui a patiemment cherché la lumière pendant plus de six siècles.

Les plus vieux :

Si Hyperion défie l'espace, un autre arbre, non loin de là, défie le temps. C'est un pin de **Bristlecone (Pinus longaeva)** surnommé **Mathusalem**, qui pousse sur les pentes arides des White Mountains, en Californie. Son âge est estimé à plus de **4 850 ans**.

Il a germé avant même la construction de la première pyramide d'Égypte. Encore plus vieux, le **Gran Abuelo** (« Arrière-grand-père » en espagnol) est un immense cyprès de Patagonie situé au **Chili.** Son âge est estimé à plus de **5 000 ans**.

Ces arbres nous rappellent que l'histoire du monde ne se lit pas seulement dans les livres, mais aussi dans les cernes des troncs.

Les anneaux de croissance fournissent un enregistrement unique des conditions climatiques passées et leurs cicatrices indiquent les années d'incendie, aidant à comprendre la résilience des forêts.

Le plus gros : La masse vivante

En termes de volume pur, le record est détenu par un autre séquoia, le **"General Sherman" (Sequoiadendron giganteum)**. Avec un tronc de plus de **11 mètres de diamètre** à sa base et un volume estimé à **1 487 mètres cubes**, il est l'organisme vivant non-clonal le plus volumineux de la planète.
Il ne s'agit plus d'un arbre, mais d'un véritable écosystème à lui tout seul, abritant une biodiversité foisonnante dans les replis de son écorce.

Les champions de l'extrême

- La **plus petit du monde** : Le **saule herbacé (Salix herbacea)** est une plante qui se comporte comme un arbre nain. Il dépasse rarement les **6 centimètres** de hauteur, s'adaptant au froid extrême en se cachant sous la neige en hiver.
- Celui qui **pousse le plus haut** : **Des genévriers** ont été observés dans le sud-est du Tibet à plus de **4 900 mètres** d'altitude, là où l'oxygène se fait rare et où les conditions sont extrêmes.
- Les **racines les plus profondes** : Un **figuier sauvage** en Afrique du Sud a développé des racines qui plongent à plus de **120 mètres** de profondeur pour trouver de l'eau.
- **Le plus rare** : La **Wollemia nobilis**, ou "pin de Wollemi", est un véritable fossile vivant. Considéré comme disparu depuis des millions d'années, il a été redécouvert en 1994 dans une gorge reculée d'Australie, avec moins de **100 individus** à l'état sauvage.

Les spécialistes aux talents uniques

- Le plus **résistant** : Le **Ginkgo Biloba** est un survivant de l'ère des dinosaures. Il est si résistant qu'un spécimen a survécu à la bombe atomique d'Hiroshima, repoussant à peine un an après l'explosion, à seulement un kilomètre de l'épicentre.

- Le bois **le plus répulsif** : Le **cèdre du Liban**, célèbre depuis l'Antiquité, produit une résine et une huile qui repoussent naturellement les insectes et les champignons, conférant à son bois une durabilité exceptionnelle. C'est pour cela qu'il fut utilisé pour construire des temples et des navires.

- Le bois le plus **léger** : Le **balsa**, originaire d'Amérique du Sud, est connu pour sa légèreté incroyable, plus légère que le liège, tout en étant relativement solide.

- Le **plus dangereux** : Le **mancenillier** (**Hippomane mancinella**), pousse dans les Caraïbes et en Amérique centrale. Il est considéré comme l'arbre le plus dangereux du monde. Tous ses composants (sève, fruits, feuilles) sont extrêmement toxiques. S'abriter dessous pendant une pluie peut provoquer de graves brûlures.

- Les **troncs** les plus **colorés** : L'**eucalyptus arc-en-ciel (Eucalyptus deglupta)** possède une écorce qui, en se détachant, révèle des bandes de vert, de bleu, de violet, d'orange et de rouge, lui donnant l'apparence d'une véritable œuvre d'art.

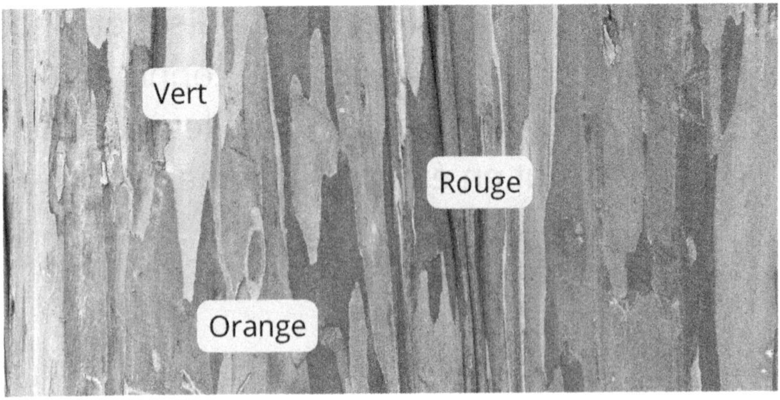

Le plus ancien bois du monde

Le bois le plus ancien n'appartient plus à un arbre vivant. Il s'agit du bois pétrifié, un fossile où la matière organique, privée de lumière et donc d’oxygène, s’est transformée, molécule après molécule en minéral (souvent de la silice). Ce processus, qui prend des millions d'années, préserve la structure du bois dans les moindres détails mais le change en pierre.

La forêt pétrifiée de l'Arizona, aux États-Unis, en est l'exemple le plus célèbre, avec des troncs datant de plus de **200 millions d'années**. C'est la preuve ultime que, même après sa mort, l'arbre peut laisser une trace quasi éternelle.

Ces arbres, qu'ils soient géants californiens ou chênes de nos campagnes, nous rappellent l’essentiel : le temps des arbres n'est pas le nôtre.
Leur existence nous ancre dans une histoire bien plus vaste. Ils sont le lien tangible entre le passé, le présent et l'avenir.

Après avoir exploré ce qu'est un arbre et les grandes familles qu'il forme à travers le monde, il est temps de nous rapprocher de de ce lieu où cette relation entre l'homme et l'arbre a pris une forme particulièrement intense et mystérieuse et où la solidarité de 2025 en est devenue la clé : l’Arbre à Loques et la chapelle Notre-Dame de l’Arconpuch de Stambruges.

Un simple robinier ou un chêne de nos campagnes peut devenir tout aussi exceptionnel lorsqu'il est investi de la mémoire et de croyance.

L'ARBRE À LOQUES

La restauration de la chapelle était une première étape, un acte de gratitude.
Mais ce n'était que la partie visible de l'iceberg.
Mon enquête me révèle que je ne suis pas seul à être lié à cet arbre. Des centaines de voix silencieuses continuent de lui parler.
Il est temps de les écouter, d'explorer ce phénomène, non plus seulement à travers le prisme de mon histoire, mais à travers celui des récits de vie et des traditions millénaires.
Mon passé personnel s'ouvre sur un patrimoine collectif, universel.

Partie II : Les arbres guérisseurs de Stambruges, mémoire d'une Terre

En remontant le fil de l'histoire, j'ai vite compris que l'Arconpuch n'était pas une anomalie locale. Il est le lointain écho d'une vénération qui a couvert toute l'Europe.
Nos ancêtres les Saxons avaient leur Irminsul, les Nordiques leur Yggdrasil, ce frêne immense qui portait les neuf mondes. Partout, l'arbre était la colonne vertébrale du Sacré, le médiateur providentiel. Mais il faut se méfier des images d'Épinal. Oubliez un instant les bandes dessinées d'Astérix et leurs druides cueillant le gui. L'Histoire est plus complexe : si les druides vénéraient bien les arbres, les dolmens et menhirs datent du Néolithique (4000 ans avant J.C.), bien avant l'arrivée des Celtes ! L'anachronisme est flagrant, mais la magie, elle, est bien réelle. Avant la conquête romaine, les rites étaient parfois brutaux. Pour le dieu Esus (Dieu défricheur et artisan), on ne nouait pas encore de tissus ; on pratiquait des sacrifices, suspendant les offrandes aux branches pour assurer la prospérité du clan. De ces temps farouches, il nous reste aujourd'hui une version adoucie, symbolique, mais tout aussi puissante : nous ne sacrifions plus, nous “transférons”.

4 : Stambruges, village des arbres guérisseurs

Pour comprendre le pouvoir du chêne de Stambruges, il faut remonter le temps, bien avant l'arrivée des églises et des routes asphaltées. Il faut imaginer nos contrées telles qu'elles étaient il y a plus de deux mille ans : un immense océan de verdure, **la forêt charbonnière**.

C'était un monde où les chênes et les hêtres formaient des voûtes colossales, plongeant le sous-bois dans une obscurité quasi permanente. Une forêt silencieuse, dense, et souvent dangereuse, peuplée de loups et d'ours. Dans cet univers, où l'homme ne survivait que dans de rares clairières chèrement conquises, l'arbre n'était pas un simple végétal. Il était une puissance, une divinité, un interlocuteur.

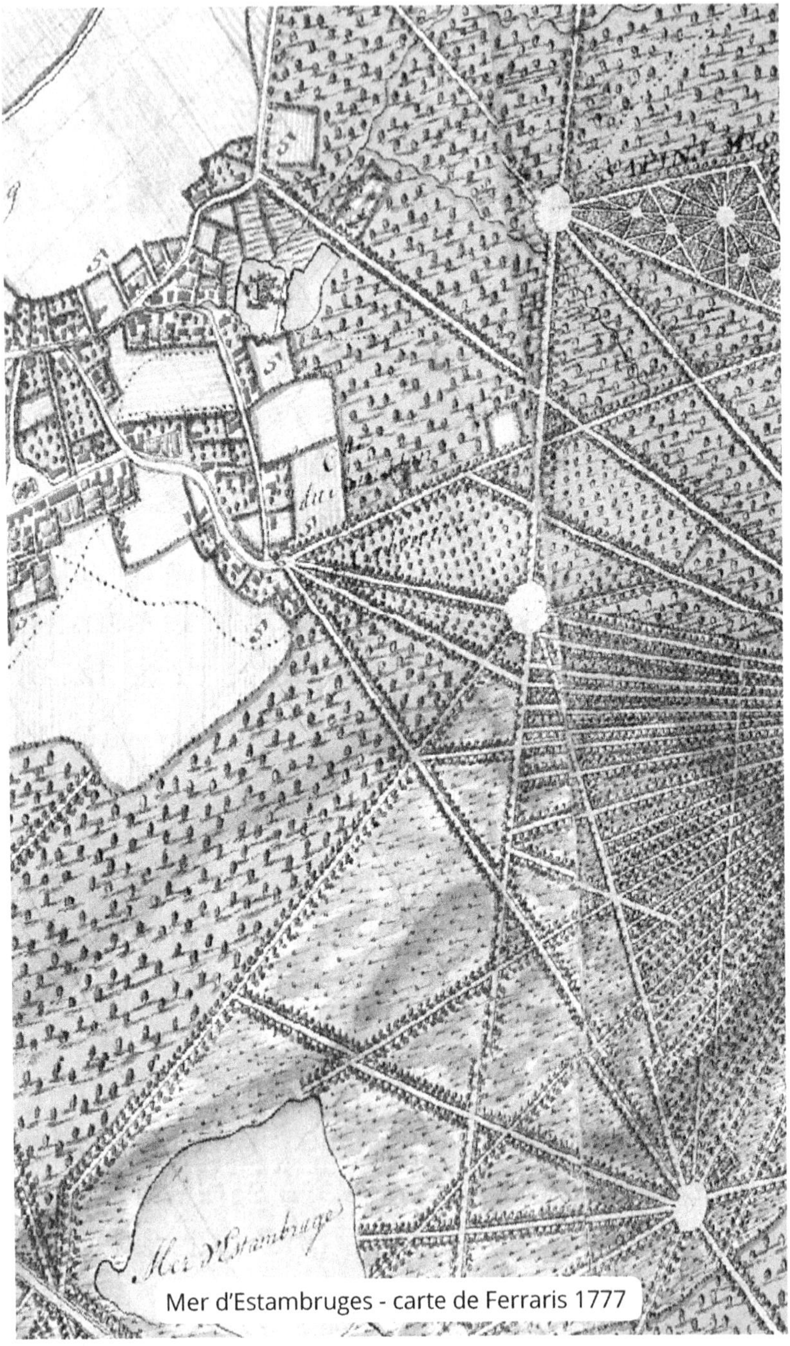

Mer d’Estambruges - carte de Ferraris 1777

L'Arp-avau
L'arbre de la fête et du passage

À Stambruges, au bas de la côte du Happart, au carrefour où se croisaient les chemins de plusieurs villages, se dressait autrefois un tilleul séculaire. On l'appelait **l'Arp-avau**, ce qui signifie en wallon "**l'Arbre-en-aval**". Comme à l'Arconpuch, une chapelle se tenait à ses côtés, signe de cette coexistence entre le païen et le chrétien.

Cet arbre n'était pas seulement un lieu de passage, mais aussi le centre de la vie sociale et festive du village.
Lors de la **ducasse Saint-Servais** (la fête locale), on ornait ses branches de drapeaux et d'oriflammes, et la jeunesse dansait sous son ombrage pour célébrer la Saint-Servais.
Cette coutume, en apparence joyeuse et innocente m'intrigue.

Pourquoi décorer cet arbre en particulier ?

Pourquoi danser à ses pieds ?

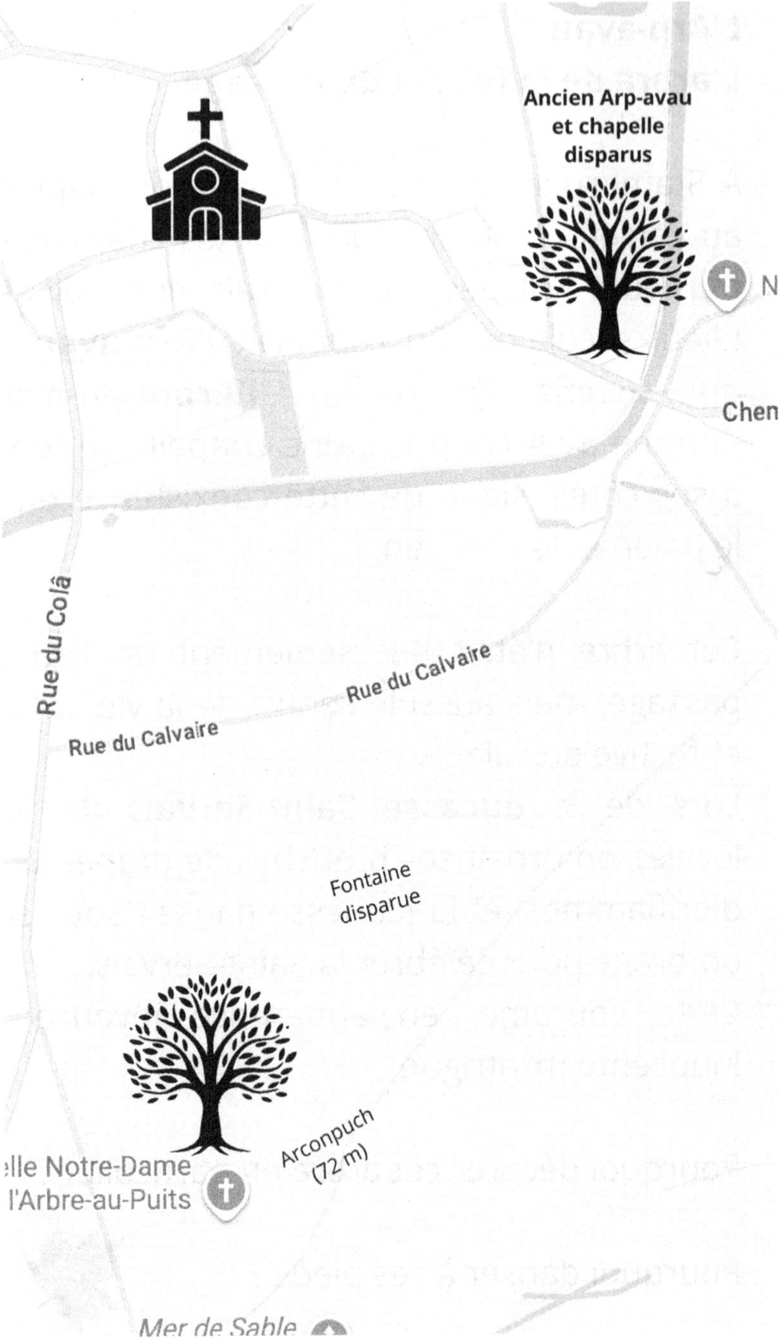
Ancien Arp-avau
et chapelle
disparus
N
Chen
Rue du Colâ
Rue du Calvaire
Rue du Calvaire
Fontaine
disparue
Arconpuch
(72 m)
elle Notre-Dame
l'Arbre-au-Puits
Mer de Sable

En réfléchissant à la similitude des situations , - un arbre - une chapelle - un culte populaire , on ne peut s'empêcher de soupçonner que l'Arp-avau était lui aussi un ancien arbre fétiche. Le clergé, en y associant une fête chrétienne et une chapelle, a probablement réussi à canaliser, et finalement à effacer, le rite païen originel. La construction du canal de Blaton à Ath, entre 1865 et 1870, a fini par bouleverser complètement le paysage, emportant avec lui l'arbre, la chapelle et les derniers vestiges de son culte. Seul un dicton populaire a survécu : on dit encore d'un homme de haute stature qu'il est "**aussi grand qu' l'Arp-avau**".

Point d'étape de l'enquête :
Le cadre envoûtant

Ce chapitre a posé le décor : une forêt aux confins des départements français et des provinces belges, un territoire à l'identité propre, façonné par l'histoire et la nature.

J'ai maintenant une meilleure compréhension du contexte géographique et culturel de Stambruges. C'est dans ce cadre, entre histoires locales et légendes forestières, que le culte de l'Arconpuch a pu s'enraciner et prospérer.

Mais comment ce lieu précis a-t-il été choisi, et quelles sont les premières traces de sa sacralité ?

Le chêne de la chapelle Saint-Servais L'héritage druidique

L'héritage sacré de Stambruges plonge encore plus loin dans le passé. Une tradition locale rapporte que l'autel primitif de l'église, dédié à Saint-Servais, n'a pas été construit n'importe où. Il aurait été érigé précisément sur l'emplacement d'un ancien **chêne druidique, l'arbre sacré des Celtes** par excellence.

Avant que le canal ne vienne redessiner le paysage, un chemin reliait en ligne droite l'église du village à la chapelle de l'Arconpuch.

Cet axe n'était pas anodin : il connectait deux lieux de culte majeurs. L'un, officiellement chrétien mais bâti sur des racines païennes, l'autre, un site de dévotion populaire où l'arbre tenait encore la première place.
C'était une véritable voie sacrée, un pèlerinage discret entre deux mondes.

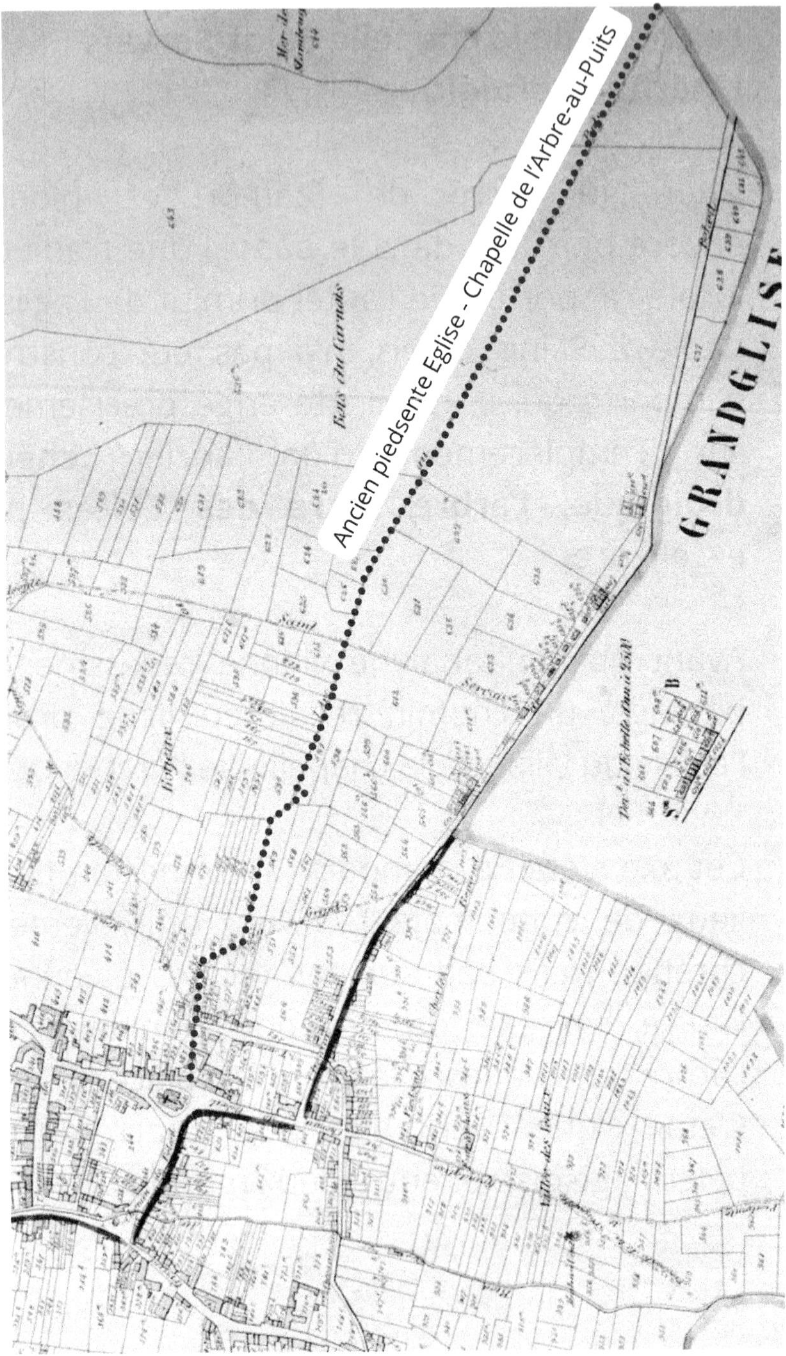

Carte Vandermaelen 1850

La présence de ces trois sites majeurs l'Arconpuch, l'Arp-avau et le chêne druidique dessine la carte d'un territoire où la foi des hommes était indissociable de la présence des arbres.
Rien d'étonnant à cela : Stambruges était une porte d'entrée vers l'immense forêt qui a façonné l'imaginaire et la spiritualité de nos ancêtres pendant des millénaires.
C'est cette histoire profonde qui explique pourquoi, encore aujourd'hui, des mains continuent de nouer des loques aux branches d'un chêne, dans un vallon silencieux, perpétuant un dialogue avec la nature, commencé bien avant nous.

La forêt sacrée et ses prêtres, les druides

Nos ancêtres celtes vivaient dans un monde animiste. Pour eux, chaque élément de la nature possédait un esprit. Les forêts étaient peuplées d'une multitude d'êtres invisibles : des **elfes** inféodés aux grands arbres, des **dryades** qui vivaient libres et des **hamadryades** dont le destin était si intimement lié à un arbre qu'elles mouraient avec lui s'il venait à être abattu.

Au centre de cette vision du monde se dressait le Chêne, l'arbre sacré par excellence. Avec ses racines puissantes plongeant dans la terre et sa cime s'élevant vers le ciel, il était le pont entre le monde des hommes et celui des dieux. La relation complexe entre les humains et cette forêt toute-puissante était gérée par des prêtres-philosophes : **les druides**.
Ils étaient les gardiens du savoir, les juges et les médiateurs. C'est eux qui présidaient aux rites, notamment la célèbre cueillette du gui sur un chêne, réalisée avec une serpe d'or pour ne pas blesser l'esprit de l'arbre et préserver ses pouvoirs magiques.

La marque des Romains:
Le secret du cadastre

Le hasard n'a que peu de place dans l'histoire des lieux sacrés. Un arbre devient vénéré, une chapelle est érigée, non pas par caprice, mais parce que le lieu lui-même est porteur d'une mémoire, d'une énergie particulière.

Pendant longtemps, je me suis demandé pourquoi ici, dans ce vallon précis de l'Arconpuch, et pas ailleurs. Une découverte de Jean Dufrasnes, un archéologue amateur passionné par notre région, a récemment tenté d'apporter une réponse spectaculaire, une clé qui nous vient tout droit de l'Antiquité. En étudiant les anciennes cartes et les relevés topographiques, il a superposé le plan du cadastre romain sur celui de notre territoire actuel.

Le cadastre, ou parcellaire, était le système par lequel les Romains divisaient les terres agricoles en lots carrés de 710 m de côté (centuries) pour les attribuer aux colons.

Ce quadrillage, d'une précision remarquable, a structuré nos paysages pendant des siècles, et ses traces sont encore parfois visibles aujourd'hui pour qui sait les chercher.

La découverte de Jean Dufrasnes est la suivante : la chapelle de l'Arconpuch serait implantée exactement à l'angle d'un de ces anciens parcellaires romains.
Cette position n'a rien d'anodin. Dans le monde romain, les angles des parcelles, les limites, étaient des points sacrés. Pour les marquer de manière durable, on y plaçait de grosses bornes de pierre, souvent dédiées à des divinités protectrices comme Terminus, le dieu des frontières. Mais très souvent, on y plantait aussi un arbre-borne. Cet arbre, par sa longévité, devenait le gardien physique et spirituel de la limite.

Avec le temps, ces arbres situés à des carrefours stratégiques sont devenus des points de repère, des lieux de rencontre, et tout naturellement, des lieux de culte.
Les populations gallo-romaines, déjà imprégnées des cultes de la nature hérités des Celtes, ont continué de vénérer ces arbres-bornes. Ces sites sont devenus des sanctuaires païens, où l'on venait déposer des offrandes pour s'attirer les faveurs des esprits du lieu.

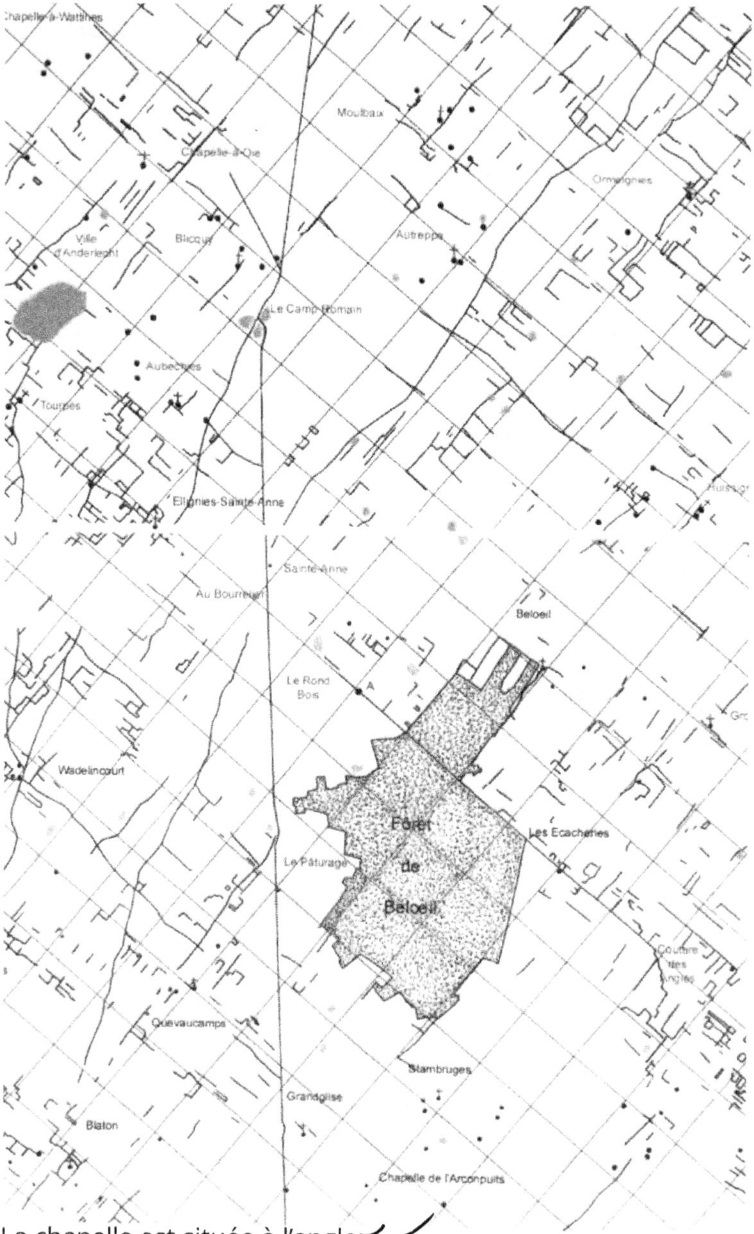

La chapelle est située à l'angle

Plan superposé du cadastre romain sur notre territoire
par Jean Dufrasnes

Plus tard, lorsque l'Église a cherché à christianiser les campagnes, elle a appliqué sa stratégie habituelle : plutôt que de détruire ces lieux de culte profondément enracinés dans la culture populaire, elle les a récupérés. C'est ainsi que, sur ces anciens angles de cadastre, à l'emplacement des bornes et des arbres sacrés païens, on a vu s'élever des croix, des oratoires, puis des chapelles.

Les recherches de Jean Dufrasnes, bien que imprécises en raison des moyens limités dont il disposait, tentent à montrer que chapelle de l'Arconpuch n'a pas été construite au hasard. Elle est l'héritière directe d'une très longue lignée de sacralité. Elle se dresse précisément là où, il y a quelque 2000 ans, un arbre ou une borne romaine marquait déjà une frontière. Le culte de la "Vierge des Bois" et de l'Arbre à Loques n'a fait que perpétuer, sous une autre forme, la vénération d'un lieu qui était déjà sacré bien avant l'arrivée du christianisme.
Si elle s'avérait correct, cette démarche archéologique ancrerait définitivement notre arbre-fétiche dans la grande histoire de notre territoire.

Les travaux de Jean Dufrasnes nous forcent à regarder notre territoire avec un œil neuf.

Chaque sentier, chaque courbe de terrain, chaque vieille pierre peut receler une histoire millénaire. Les traces de ces bornes, invisibles pour la plupart, persistent dans le tracé des chemins, dans l'implantation des vieilles fermes, et, de façon remarquable, dans l'emplacement même de notre chapelle.

C'est là, dans cette persistance du passé, que réside toute la magie de l'archéologie et du folklore.
Pour éclaircir les parcelles enchevêtrées des récits oubliés, une exploration sans arrière-pensée nous suggère tant d'intrigues aussi mystérieuses qu' envoûtantes.

Les Romains n'auraient sans doute jamais imaginé que leurs simples bornes de cadastre donneraient naissance à des lieux de culte capables de traverser les siècles, adoptant tour à tour dieux païens et saints chrétiens, mais conservant toujours leur fonction d'ancrage sacré.

Le site de l'Arconpuch, loin d'être un hasard, serait donc le fruit d'une longue histoire, une superposition de strates culturelles et religieuses.

La prochaine fois que vous passerez devant cette chapelle discrète, ou que vous vous promènerez dans la forêt avoisinante, pensez à ces géomètres romains, à ces arbres bornes, et à la puissance inouïe des lieux.
Ils nous rappellent que le passé est rarement là où nous l'attendons, mais souvent caché, en pleine lumière, pour qui sait observer…

L'alphabet des arbres
L'écriture secrète des druides

Les Celtes et leurs prêtres, les druides, privilégiaient la parole et la mémoire pour transmettre leur immense savoir. L'écriture était rare, souvent considérée comme une chose froide, incapable de capturer l'esprit vivant de la connaissance. Pourtant, il existait une écriture, une forme de communication secrète et sacrée, réservée aux initiés : l'**alphabet oghamique**.

Contrairement à nos lettres latines, l'ogham n'était pas conçu pour être écrit sur du parchemin. C'était une écriture lapidaire, faite d'incisions et d'encoches gravées le long de l'arête d'une pierre ou d'un morceau de bois. Chaque lettre est un ensemble de traits simples, partant d'une ligne centrale, ce qui lui donne une apparence primitive et énigmatique.

Mais sa plus grande particularité, celle qui nous relie directement à la sagesse de la forêt, est encore plus surprenante, l'ogham est un **alphabet des arbres**. Chaque lettre, chaque symbole, ne représente pas seulement un son, mais est intrinsèquement lié à un arbre spécifique. Le "**B**" est le **Bouleau (Beith)**, le "**O**" est l'**Ajonc (Onn)**, le "**D**" est le **Chêne (Dair)**, l'arbre de la force.

L'ogham n'était pas un simple outil de communication. C'était une grille de lecture du monde, un système magique et divinatoire où chaque arbre apportait sa propre symbolique, sa propre énergie, son propre secret. Apprendre l'ogham, ce n'était pas seulement apprendre à lire, c'était apprendre le langage de la forêt elle-même.

C'est dans ce code ancestral, où chaque trait est une branche et chaque mot une forêt, que les druides gravaient leurs messages les plus importants.

L’alphabet oghamique, souvent appelé "l'alphabet des arbres", est traditionnellement organisé en quatre groupes de cinq lettres, appelés aicmí (prononcer "ak-mi").
Chaque lettre porte le nom d'un arbre ou d'une plante.

Premier Aicme (Aicme de B)

Symbole	Nom	Lettre	Arbre Associé
ᚁ	Beith	B	Bouleau
ᚂ	Luis	L	Sorbier
ᚃ	Fearn	F	Aulne
ᚄ	Saille	S	Saule
ᚅ	Nuin	N	Frêne

Deuxième Aicme (Aicme de H)

Symbole	Nom	Lettre	Arbre Associé
ᚆ	hÚath	H	Aubépine
ᚇ	Dair	D	Chêne
ᚈ	Tinne	T	Houx
ᚉ	Coll	C	Noisetier
ᚊ	Ceirt	Q	Pommier

Troisième Aicme (Aicme de M)

Symbole	Nom	Lettre	Arbre Associé
/	Muin	M	Vigne
//	Gort	G	Lierre
///	nGéadal	NG	Genêt / Roseau
////	Straif	Z	Prunellier
/////	Ruis	R	Sureau

Quatrième Aicme (Aicme de A)

Symbole	Nom	Lettre	Arbre Associé
•	Ailm	A	Sapin / Pin
••	Onn	O	Ajonc
•••	Úr	U	Bruyère
••••	Edad	E	Tremble
•••••	Idad	I	If

Les Forfeda (Lettres additionnelles)

Plus tard, cinq lettres supplémentaires, appelées les Forfeda, ont été ajoutées pour transcrire des sons qui n'existaient pas dans le vieil irlandais primitif.

Symbole	Nom	Lettre
ᚕ	Ebad	EA / K
ᚖ	Ór	OI
ᚗ	Uillenn	UI
ᚘ	Ifín	P / IO
ᚙ	Emain	AE / X

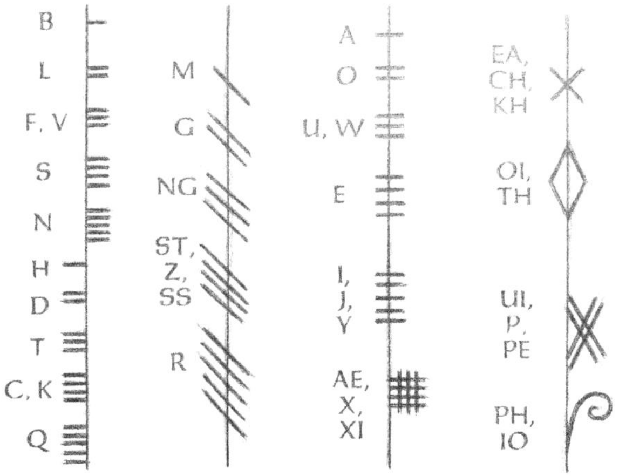

Le respect dû à ces arbres était absolu. Manquer à cet interdit exposait le coupable à des châtiments d'une cruauté qui nous semble aujourd'hui barbare. L'historien Mannhardt rapporte une ancienne loi germanique terrifiante : à celui qui osait écorcer un arbre sacré, on arrachait le nombril pour le clouer sur la blessure de l'arbre, puis on le forçait à tourner autour du tronc jusqu'à ce que ses entrailles s'y soient entièrement enroulées. Une telle sentence en dit long sur le caractère sacré et inviolable de ces patriarches végétaux.

Au rythme du monde : La conception cyclique du temps

Dans notre course effrénée vers le progrès, nous avons fini par percevoir le temps comme une flèche. Une ligne droite, tendue du passé vers le futur, une succession d'instants qui ne reviennent jamais.
Notre temps moderne est celui de l'horloge, du tic-tac productiviste, de l'urgence et de la croissance linéaire. C'est un temps qui s'écoule, que l'on "perd" ou que l'on "gagne".

Pourtant, pendant des millénaires, nos ancêtres n'ont pas vécu sur cette ligne droite. Pour les peuples anciens, et singulièrement pour les Celtes qui ont profondément marqué notre territoire, le temps n'était pas une flèche, c'était une roue. Il ne fuyait pas, il tournait.

La grande respiration de la nature

Cette conception n'était pas une abstraction intellectuelle, mais le fruit d'une observation humble et directe de la réalité.

Avant les calendriers de papier ou les écrans numériques, le seul maître du temps était la Nature elle-même.

Tout, autour de l'homme, racontait l'histoire de l'éternel retour. Le soleil se lève et se couche pour renaître le lendemain. La lune croît, décroît et disparaît pour revenir dans sa plénitude. La graine meurt en terre pour donner la plante.

La vision celtique du monde était profondément imprégnée de cette respiration binaire. Leur année ne commençait pas arbitrairement au milieu de l'hiver, mais s'articulait autour de deux grandes saisons, deux "souffles" : la moitié sombre et la moitié claire.

- **La saison sombre (commençant à Samhain, vers notre 1er novembre)**, marquait le temps du repli, de la mort apparente de la nature, du repos de la terre et du retour des troupeaux à l'étable. C'était le temps de l'intériorité, des racines, de la gestation dans le noir.

- **La saison claire (commençant à Beltane, vers notre 1er mai)**, célébrait l'explosion de la vie, la lumière, la fertilité, la sortie des troupeaux vers les pâturages. C'était le temps de l'extériorité, de la croissance, de l'action.

Pour eux, la nuit précédait le jour, l'hiver précédait l'été. Il fallait traverser l'obscurité pour que la lumière puisse renaître.

L'Arbre, horloge vivante

Dans cette vision circulaire, l'arbre est le témoin par excellence, le calendrier vivant le plus parfait. Il incarne physiquement ce cycle de mort et de renaissance.

Chaque automne, le pèlerin qui traverse la forêt de Stambruges voit les arbres se dépouiller.
Ils semblent mourir, leur squelette de bois se découpant sur le ciel gris.
Mais ce n'est qu'une apparence.

La vie s'est simplement retirée là où elle est protégée : dans les racines profondes et dans les bourgeons, ces minuscules promesses d'avenir, déjà prêts, endormis sous une écaille protectrice en attendant le printemps.
L'arbre enseigne une sagesse fondamentale : il n'y a pas de fin définitive, seulement des transformations. La chute n'est pas un échec, c'est une préparation.

Le temps de la guérison

Cette compréhension du temps cyclique éclaire d'un jour nouveau le rituel de l'Arbre à Clous ou à Loques.
Notre médecine moderne, fille du temps linéaire, cherche souvent la guérison immédiate, la suppression instantanée du symptôme.
Elle veut aller vite, "réparer" la machine corporelle pour qu'elle reprenne sa course.
Le rituel de Stambruges, lui, s'inscrit dans le temps long et cyclique de la nature.
Lorsqu'on accroche une loque, on ne s'attend pas à un miracle instantané.

On accepte d'entrer dans le rythme de l'arbre.

Le processus est lent. Il faut que le tissu pourrisse. Il faut que les éléments – la pluie, le vent, le soleil – fassent leur œuvre. Il faut que la matière se décompose pour que le mal soit symboliquement "digéré" par la nature.
C'est un temps de gestation, une traversée de la "saison sombre" de la maladie, indispensable pour espérer le retour de la "saison claire", de la santé.

En confiant sa douleur à l'arbre, l'homme moderne, souvent sans le savoir, renoue avec cette sagesse ancestrale. Il accepte de caler, pour un temps, le rythme de sa propre guérison sur la respiration lente et puissante du monde végétal.

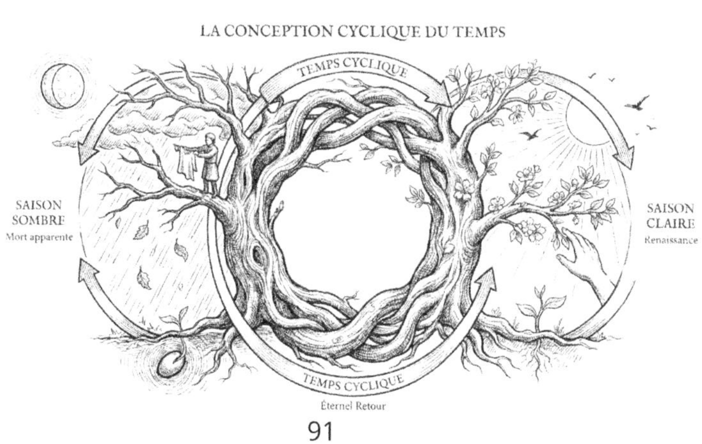

Les 4 fêtes majeures (Fêtes de Quartiers)

- **Samhain** (31 oct. - 1er nov.) : « Fin de l'été », début de l'année celtique et de l'hiver, passage vers le monde des esprits (origine d'Halloween).
- **Imbolc** (1er-2 fév.) : Début du printemps, associé à la déesse Brigid et au retour de la lumière.
- **Beltaine** (1er mai) : Accueil de l'été, feux de joie, mariages symboliques.
- **Lughnasadh** (1er août) : Début des récoltes, fête du dieu Lugh, marchés et jeux.

Les 4 fêtes intermédiaires (Solstices et Équinoxes)

- **Yule** (Solstice d'hiver, 21 déc.) : Célébration du solstice d'hiver.
- **Ostara** (Équinoxe de printemps, 21 mars) : Célébration de l'équinoxe de printemps.
- **Litha** (Solstice d'été, 21 juin) : Célébration du solstice d'été.
- **Mabon** (Équinoxe d'automne, 21 sept.) : Célébration de l'équinoxe d'automne.

La croix et le chêne
Quand les religions se rencontrent

Avec l'arrivée du christianisme, les nouveaux missionnaires eurent à cœur d'effacer ces rites païens. Des conciles, comme celui de Nantes en 658, interdirent "l'adoration de certains Chênes". Au IXè siècle, l'empereur Charlemagne lui-même lança des décrets contre les "survivances du druidisme".

Mais les croyances populaires ont la vie dure. Plutôt que de les combattre de front, l'Église adopta une stratégie plus subtile et bien plus efficace : l'assimilation douce.
Au lieu d'abattre un arbre vénéré, on construisait une chapelle à ses côtés.
Le pouvoir sacré de l'arbre n'était pas nié, mais progressivement transféré à un saint ou à la Vierge Marie. Le pèlerinage pouvait continuer, mais sous une nouvelle bannière.
Le chêne fétiche devenait le Chêne Saint-Antoine, le Tilleul des Fièvres devenait le Tilleul Notre-Dame. Le rite ancien persistait, simplement habillé de nouveaux vêtements chrétiens.

C'est exactement ce que nous observons à Herchies, à Stambruges et dans tant d'autres lieux, en Wallonie.

Parfois, le processus s'inversait. Des arbres remarquables, menacés par les besoins en bois de chauffage ou les guerres, furent sauvés de la destruction par une "appropriation ecclésiastique".
C'est ainsi que le curé de Liernu, pendant la Révolution française, sauva le chêne millénaire du village en y encastrant une statuette de saint Antoine, le plaçant de fait sous la protection de l'Église.

La dualité des cultes : chapelle et arbre

L'originalité du site de l'Arconpuch réside dans la cohabitation de deux cultes qui s'ignorent mutuellement, se déroulant à des moments différents.

Le Culte Chrétien (de jour) : Durant la journée, des fidèles, principalement des habitants de la commune et des villages voisins, se rendent à la chapelle dédiée à Notre-Dame de l'Arbre-au-Puits.
Leurs pratiques sont ouvertement chrétiennes : ils prient la Vierge, brûlent des cierges, effectuent des neuvaines et font trois fois le tour de l'édifice en récitant le chapelet.
Pour eux, cette visite est un acte de piété et un but de promenade.
Ils n'accordent aucune attention particulière à l'arbre et ne participent pas aux rituels qui lui sont associés.

Le Culte Païen (de nuit) : À la faveur de l'obscurité, la nuit ou à l'aube, le site est visité par d'autres pèlerins, souvent étrangers à la commune et venant parfois de loin.
Leur démarche est secrète et silencieuse.
Ils s'adonnent à un rituel qui est une survivance directe du "Culte des Arbres", une croyance païenne ancienne. Ce culte vise à obtenir la guérison en transférant une maladie ou un maléfice sur l'arbre, considéré comme une divinité bienfaisante capable d'absorber le mal.

Cette séparation entre le culte du jour et celui de la nuit est la preuve vivante que la chapelle n'a jamais réussi à absorber complètement le pouvoir de l'arbre. Elle a christianisé le lieu, mais n'a pas effacé sa magie première.
Les deux forces, celle de la religion organisée et celle de la croyance ancestrale, continuent de cohabiter, dos à dos, attirant à elles deux flux de visiteurs aux espoirs peut-être semblables, mais aux gestes et aux intentions différents ou qui se complètent.

Point d'étape de l'enquête :
La persistance des racines anciennes

En plongeant dans l'histoire des Celtes et des Druides, j'ai compris que le lien avec l'arbre n'est pas une simple superstition moderne, mais un héritage profond, inscrit dans les strates les plus anciennes de notre culture. Le chêne, en particulier, se révèle être un archétype puissant,
symbole de vie et de sagesse.
Cette résonance avec le passé me fait prendre conscience que l'Arconpuch n'est pas né de rien, mais s'inscrit dans un continuum spirituel qui a survécu à bien des bouleversements. La christianisation n'a pas effacé ces racines, elle les a souvent intégrées ou dissimulées.

5 : L'arbre à Loques et à Clous de Stambruges

Si vous quittez la route principale pour vous aventurer dans les bois de Stambruges, vous sentirez l'atmosphère changer. Le bruit du monde s'estompe, remplacé par le chant des oiseaux et le murmure du vent dans les feuilles.

C'est ici, dans ce lieu à la fois paisible et chargé de mystère, que se niche la chapelle Notre-Dame de l'Arbre-au-Puits, ou de l'Arconpuch.

C'est le centre névralgique d'une croyance populaire qui a traversé les siècles, une croyance incarnée par ses compagnons végétaux : les arbres guérisseurs.

Janvier 2021.

Le bois de Stambruges était plongé dans le silence absolu de l'hiver. Il n'y avait aucun bruit, hormis le craquement de mes pas sur la terre gelée. Je revenais sur les traces d'un souvenir d'enfance, à la recherche de mon arbre.
Le choc fut brutal. Le robinier faux-acacia qui, des décennies plus tôt, avait reçu ma chaussette de bébé, n'était plus. Il gisait au sol, déraciné, son squelette sombre et nu. J'ai appris plus tard qu'une tempête avait eu raison de lui, achevant une lente agonie qui durait depuis plusieurs années.
J'étais attristé, mais ma déception fut de courte durée. Alors que mon regard balayait les alentours, une chose me frappa : le culte, lui, n'était pas mort. Il avait simplement migré.
À quelques pas de là, un chêne robuste avait pris la relève. Son tronc était devenu le nouveau dépositaire des peines et des espoirs.
C'est à ce moment précis que j'ai su que ma place était ici.
Devenir gardien, c'est d'abord un travail humble. Les offrandes faites à la chapelle, je les récupère précieusement.

Elles me permettent de prendre soin du lieu : acheter des piles pour les fausses bougies qui assurent une lueur constante, de vraies bougies pour les prières ardentes, de l'encens, des sacs poubelles pour que le lieu reste propre, et des bacs anti-humidité pour protéger ce qui est fragile. C'est aussi être un témoin silencieux.

Si l'historien Antoine Gosselin notait en 1933 que ce culte se pratiquait souvent en secret, la nuit ou à l'aube, aujourd'hui, j'observe que le besoin de croire et d'espérer se vit plus ouvertement.

Je suis le témoin discret de plusieurs de ces rituels. Parfois, les gens viennent simplement poser un objet sur le tronc de l'arbre tombé, comme un dernier adieu, ou sur celui du chêne, pour lui confier leur peine. Parfois, ils viennent juste allumer une bougie et prier la Vierge.

Mais souvent, ils mêlent les deux traditions : ils déposent une loque, font trois fois le tour de la chapelle comme pour le culte chrétien, allument une bougie et prient.

De toutes les rencontres, l'une m'a particulièrement touché. C'était un couple de grands-parents. Je les ai vus arriver, le visage grave, et clouer délicatement sur le bois un petit sachet plastique.

À l'intérieur, un petit canard de bain et une lettre demandant la guérison de leur petite-fille, âgée de neuf mois. Ils m'ont remercié de prendre soin du lieu, et le grand-père, un forain au cœur immense, a insisté pour me faire un don de 10€. Je l'ai recroisé quelque temps plus tard. Son visage était encore plus triste. On lui avait volé le petit canard sur l'arbre. Cette fois, il en avait apporté un nouveau, avec une autre lettre. Il m'a demandé, la voix tremblante, si je pouvais les installer à l'intérieur de la chapelle, en sécurité. Cet objet se trouve toujours là, aujourd'hui, protégé derrière l'autel.

Le 1er mai 2025 restera le jour où l'on a tenté de brûler notre arbre à loques. Par une journée de forte chaleur, j'étais présent pour filmer Paule Ma, qui organisait une balade contée avec l'équipe de la scène ouverte de Mons-Tournai. Je tenais à intégrer cet événement à mon documentaire, car la présence de conteurs prouve combien le cadre enchanteur du lieu inspire et attire. Après avoir capturé un extrait du conte, je suis rentré vider mes cartes mémoires. Cependant, la chaleur s'intensifiait au fil de l'après-midi.

Me souvenant que des bougies brûlaient, comme chaque jour, dans le bougeoir, j'ai été pris d'une inquiétude. Je suis reparti en hâte à vélo pour les éteindre par précaution.

Mais le mal était déjà fait. Une personne malintentionnée avait utilisé une bougie pour mettre le feu au robinier couché sur le sol.

Les flammes avaient probablement pris sur un t-shirt avant d'attaquer le bois.

Sur place, j'ai retrouvé la police et les pompiers qui venaient de maîtriser l'incendie. J'étais sous le choc. Cet acte démontre la terrible fragilité de ce culte, qui a risqué de disparaître dans ce lieu isolé, dépourvu de caméras de surveillance.

Le culte dépasse les frontières car j'ai rencontré un groupe venu de France. J'étais en train de nettoyer la chapelle pour le chapelet de l'Assomption du 17 août 2025 quand ils sont arrivés. Ils ont déposé des offrandes et noué des loques à l'arbre. Une personne tapait doucement sur un tambour celtique, un bodhrán, pendant que d'autres enlaçaient un grand hêtre voisin. C'était un rituel d'une autre nature, plus païen peut-être, mais chargé de la même ferveur. J'ai pris une photo de ce groupe, un souvenir précieux dont les visages seront floutés pour préserver leur anonymat.

L'arbre-gardien est tombé, mais l'esprit du lieu, lui, veille toujours. Et il m'a choisi pour être ses yeux et ses mains.

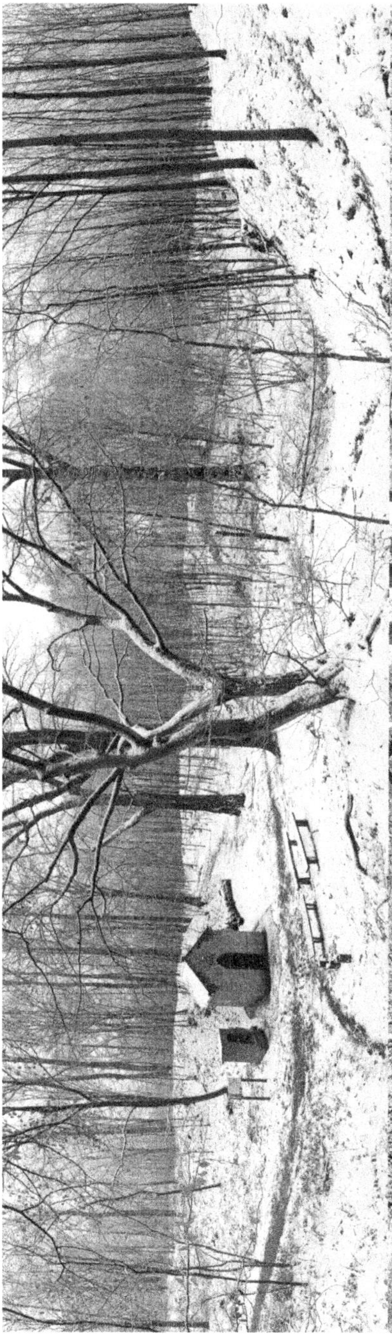

Vierge Marie
Accordez lui le
miracle de guérison pour
Pouvoir le soulager
ses horribles souffrances
SANTÉ ETERNELLE
apportant Bien Être
JUSTE POUR
contre tout
le mal
AMEN

Liste des objets et offrandes sur les arbres guérisseurs

1. Vêtements et linges de corps (les "loques" traditionnelles)

Ces objets, ayant été en contact direct avec la maladie ou la personne, sont les plus courants.

- Vêtements d'enfants :
  - Bonnets, chaussettes, petits souliers, bas d'enfants.
  - Petites chemises.
  - Bavoirs.
- Vêtements d'adultes :
  - Jupon troué, bérets noirs, tabliers à fleurs.
  - Pantalons, casquettes, chapeaux.
  - Soutiens-gorge.
  - Gants.
- Linge divers :
  - Chiffons et lambeaux d'étoffes de toutes sortes.
  - Mouchoirs de poche et de cou.
  - Cordons et rubans.
  - Pièces de literie.

2. Objets liés au soin et à la maladie

Ces objets matérialisent directement la souffrance physique.

- Pansements, bandes, compresses d'ouate (parfois souillés de sang ou de pus).
- Langes de pansement.
- Sparadraps.
- Bandages herniaires.
- Béquilles.
- Emballages de comprimés pharmaceutiques.
- Masques chirurgicaux (apparus durant la pandémie de Covid-19).

3. Objets personnels et intimes

Ces objets représentent la personne dans son entièreté ou un aspect de sa vie.

- Objets corporels :
  - Ongles humains.
  - Mèches de cheveux.
- Accessoires personnels :
  - Lorgnons (lunettes).
  - Épingles à cheveux, pinces ornées de bijoux.
  - Boutons de chemise.
  - Ceintures.
- Objets d'enfants :
  - Jouets (pistolets, poupées de plastique).
  - Tétines.
- Photos d'identité.

4. Offrandes religieuses et spirituelles

Ces objets montrent le mélange entre le culte païen et la foi chrétienne.

- Chapelets.
- Scapulaires.
- Crucifix.
- Figurines de la Vierge en plâtre.
- Bougies.
- Lettres, prières et vœux écrits.

5. Clous et objets métalliques (pour les arbres à clous)

Le geste de "fixer" le mal.

- Clous de toutes tailles (parfois rouillés, parfois neufs).
- Vis (cruciformes ou classiques), punaises de couleur.
- Épingles.
- Ciseaux.
- Pièces de monnaie (parfois fichées dans l'écorce ou les joints d'une chapelle voisine).

6. Objets inclassables et symboliques

Ces objets témoignent de l'évolution et de la diversité des rituels.

- Objets domestiques :
  - Couteau de cuisine.
  - Planche à tartiner.
- Objets animaliers :
  - Pièces de harnachement d'animaux.
  - Cages d'oiseaux.
- Offrandes naturelles :
  - Fleurs (naturelles ou artificielles).
  - Coquilles d'œufs.
  - Feuilles de sauge.
  - Miel.
- Objets de jeu :
  - Formulaires de lotto.

Cette liste montre à quel point l'arbre-fétiche est un "exutoire universel", un réceptacle pour toutes les formes de souffrances, d'espoirs et de croyances, évoluant constamment avec notre société.

L'origine du nom Arconpuch :
Du puits vouté à l'arbre sacré

L'histoire du nom "**Arconpuch**" est un exemple fascinant de la manière dont la langue et les croyances populaires peuvent transformer la toponymie d'un lieu au fil des siècles.

Le nom moderne et poétique "**Arbre-au-Puits**", qui désigne le site de la chapelle et de l'arbre-fétiche à Stambruges, n'est en réalité qu'une transformation tardive et une réinterprétation populaire d'un nom bien plus ancien et descriptif. Loin de faire référence à un arbre, le vocable originel décrivait une particularité géologique du lieu.
Selon l'historien Antoine Gosselin, qui a mené des recherches approfondies sur le sujet, le nom le plus ancien et le plus probable était "**Cronpuch**". En ancien wallon, ce terme se décompose ainsi :

- "**Cron**" désignait un renfoncement, une **voûte** ou une **cavité dans la roche**.
- "**Puch**" signifiait "**puits**" ou "**source**".

Le nom "**Cronpuch**" décrivait donc littéralement "**le puits sous la voûte**" ou "**la source dans le creux de la roche**".

Il faisait référence à une fontaine, aujourd'hui disparue, qui sourdait autrefois dans une ancienne carrière de grès, sous un banc de pierre qui formait une sorte d'arche naturelle. C'était donc la description purement topographique d'un lieu qui se trouvait à environ 50 mètres en face de la chapelle.

Au fil du temps, ce nom a évolué par déformation populaire, un phénomène courant en toponymie :

- 1: De "**Cronpuch**" à "**Erconpuch**" :

Par métathèse (une inversion de sons), "Cron" s'est transformé en "Ercon" ou "Arcon" dans le langage courant. Les plus anciens documents d'archives, datant du début du XVIIIè siècle, mentionnent déjà "**Arconpus**" (1709) ou "**Arcompuis**" (1733).

- 2: De "**Arconpuch**" à "**Arcaupuits**" :

Cette forme est une première tentative de francisation, traduisant littéralement "**Arcon**" par "**Arcau**" (arche, voûte) et "**puch**" par "**puits**". Le nom reste fidèle à la description originelle du lieu.

- 3: De "**Arcaupuits**" à "**Arbre-au-Puits**" :

C'est la transformation finale, un néologisme apparu au début du XXè siècle, probablement popularisé par le clergé et les cartes postales.

Avec le temps, la source a disparu et le culte s'est de plus en plus concentré sur l'arbre-fétiche situé à côté de la chapelle.

Les gens, entendant "**Arcau**", et voyant l'arbre majestueux, ont tout naturellement réinterprété le nom. "**Arcaupuits**" est devenu "**Arbre-au-Puits**", un nom qui, bien qu'étymologiquement incorrect, correspondait mieux à la réalité visible et sacrée du lieu : **un arbre près d'un ancien puits, aujourd'hui comblé.**

Ainsi, l'histoire de ce nom est celle d'un glissement de sens : on est passé d'une description géographique (la source voutée) à une description spirituelle (l'arbre sacré), prouvant que la foi populaire a le pouvoir de renommer le monde à son image.

Carte postale début XXè siècle : Arcaupuits devient Arbre-au-puits.

Point d'étape de l'enquête :
Les mots révélateurs

L'étymologie du nom "Arconpuch" a été une révélation. Comprendre que ce nom évoquait initialement "le puits sous la voûte" – une caractéristique géographique plutôt qu'un arbre – repositionne ma compréhension des origines du site.
La chapelle et l'arbre ont ainsi hérité du nom d'Arconpuch, car quelques mètres devant eux se trouvait également un puits, aujourd'hui rebouché.

Ancien arbre à loques
Robinier faux acacia
Nouvel arbre à loques
Chêne pédonculé

30/08/2025

Le principe du transfert
Donner son mal à l'arbre

Au cœur des pratiques observées à Stambruges, comme à Herchies ou Gilly, se trouve un principe fondamental et universel : le transfert. L'idée est simple et puissante : pour se libérer d'une maladie, d'une douleur ou d'un souci, il faut symboliquement l'extraire de soi et le confier à une autre entité, plus forte et plus durable.
L'arbre, avec son enracinement profond dans la terre et sa longévité qui dépasse de loin la vie humaine, est le réceptacle idéal.

Ce transfert se matérialise par deux rites distincts mais complémentaires : celui des **loques** et celui des **clous**.

- **L'Arbre à Loques** (ou à chiffons) :

Le pèlerin vient nouer à une branche ou sur le tronc un morceau de tissu (un vêtement, un pansement, un mouchoir) qui a été en contact avec la maladie ou la personne malade.
La loque est un "ex-voto" particulier : ce n'est pas un remerciement après la guérison, mais la maladie elle-même qui est déposée.
En se dégradant sous l'effet de la pluie et du vent, le tissu emporte symboliquement le mal avec lui. C'est un acte de dépossession, un abandon de sa souffrance à la nature.

- **L'Arbre à Clous** :

Le principe est similaire, mais l'intention est plus forte, plus agressive. Le clou, après avoir touché la partie du corps malade (une dent douloureuse, un furoncle), est enfoncé dans le tronc de l'arbre. L'acte de clouer vise à fixer le mal, à l'emprisonner définitivement dans le bois. Un ancien remède populaire wallon contre le mal de dents consistait à frotter la dent avec un clou de cercueil, puis à aller le ficher dans un arbre à minuit. Le mal était censé disparaître à mesure que le clou s'enfonçait.

Les rituels et offrandes à l'arbre fétiche

Le rituel païen se matérialise par le dépôt d'ex-votos sur l'arbre. Ces offrandes sont d'une très grande variété et reflètent les maux que les pèlerins cherchent à guérir.

- **Nature des offrandes** : Les branches et le tronc de l'arbre sont couverts d'objets hétéroclites. En 1930, Antoine Gosselin relève la présence nombreuse de petits souliers et vêtements d'enfants. Il indique que le culte est particulièrement invoqué pour les maladies infantiles (coqueluche, rougeole, retard de la marche, etc.) et c'est pour cette invocation que ma grand-mère a choisi de se rendre sur le lieu pour y déposer ma chaussette et plus tard le plâtre de mon pied bot.

- **La pratique** : Les objets sont "liés" à l'arbre : les linges avec un de leurs coins, les souliers avec leurs lacets. En 1930, face à la saturation du robinier faux acacia, les pèlerins ont étendu la pratique aux jeunes arbres plantés à proximité et même au grillage des fenêtres de la chapelle, où ils fichent également des épingles. Les tissus peuvent être également cloués sur le tronc ce qui prête parfois à confusion. Autrefois à Stambruges, les loques étaient déposées sur le robinier. Quand celui-ci disparut, le chêne voisin prit la relève. Mais face à une écorce trop lisse pour y coincer les étoffes, les pèlerins adaptèrent leur rituel : ils se mirent à clouer les vêtements sur l'arbre.

- **Cycle de vie des offrandes** : Le rite est continu tout au long de l'année. Début du XXè siècle, à intervalles réguliers, le curé de la paroisse faisait procéder à un enlèvement complet des ex-votos, qui étaient ensuite jetés dans une carrière voisine, témoignant de la désapprobation du clergé face à cette pratique païenne.

Point d'étape de l'enquête :
La coexistence inattendue

L'analyse des cultes m'a montré une dualité fascinante. L'Arconpuch n'est pas un lieu monolithique ; c'est le théâtre d'un dialogue constant entre la dévotion chrétienne à la Vierge et un culte plus ancien et discret de l'arbre-fétiche. Cette coexistence, parfois tendue, parfois harmonieuse, est la clé de la longévité du site. La question est maintenant de savoir comment cette dynamique a évolué au fil du temps et comment elle se manifeste aujourd'hui.

Le chêne de Stambruges est aujourd'hui la figure de proue de ces croyances mais il n'est que la partie visible d'une cartographie sacrée bien plus vaste, tissée discrètement à travers toute la Wallonie.

Mon propre travail d'enquête doit énormément aux fondations posées par des chercheurs passionnés qui, avant moi, ont arpenté ces sentiers de la guérison populaire.

Des historiens comme Chalon et Gosselin ont été les pionniers, balisant le terrain et signalant très tôt l'existence de ces sites.

Plus près de nous, les travaux approfondis de Benoit Loodts sur les "arbres magiques" et les analyses fines de Françoise Lempereur ont été cruciaux pour comprendre la persistance de ces gestes ancestraux. C'est précisément grâce à la synthèse de leurs recherches que j'ai été en mesure de dresser un inventaire actualisé de ces lieux de dévotion dispersés sur notre territoire.

En Wallonie picarde :

Les arbres à clous de Graty, Hainaut	Il s'agissait de plusieurs arbres (probablement des robiniers) qui entouraient la chapelle Saint-Job. Le clouage y était encore attesté en 1979 , mais les arbres ont été abattus à la fin des années 1980. Lors de sa visite, Benoît Loodts a noté la présence de quelques clous et punaises sur un charme voisin, se demandant s'il s'agissait d'une timide renaissance du rite. Personnellement, je n'ai pas trouvé de clous sur le site.
Le chêne de l'Arconpuch, Stambruges, Beloeil, Hainaut	Suite à la chute du robinier en 2009, c'est sur le chêne voisin que le culte s'est transféré. La Vierge y était invoquée pour les maladies infantiles. De nombreux objets y sont cloués : vêtements d'enfants, souliers, mais aussi des objets plus incongrus comme des soutiens-gorge et tests de grossesse.
Le chêne à loques d'Ostiches, Ath, Hainaut.	Il s'agit d'un chêne récent qui ombrage une chapelle dédiée à Saint Pierre, érigée en 1849. Autrefois réputé pour guérir les coliques des chevaux, le rite des loques (chiffons) n'y est apparu que dans les années 1950, sa notoriété ayant été amplifiée par des articles de presse et un reportage télévisé. On y vient aujourd'hui pour les ulcères aux jambes et les maux de dents.

Chêne à clous d'Herchies visite du 03/08/25 - Lionel Croes

Chêne à clous d'Herchies visite du 03/08/25 - Lionel Croes

Le chêne à loques d'Ostiches - Ath

En 2002, Benoît Loodts a parcouru la Belgique à la rencontre d'arbres guérisseurs. Voici ses différentes observations qui témoignent de la disparition de plusieurs rites et du risque de perdre ce patrimoine.

Les deux marronniers du Roeulx, Hainaut	Deux marronniers imposants encadrent la chapelle Notre-Dame de Bonsecours. Seul l'arbre de droite (face à la chapelle) fait l'objet d'un clouage, qui était encore pratiqué en 2002. Le lieu est réputé pour le soin des furoncles et autres affections cutanées.
Le chêne d'Herchies, Jurbise, Hainaut.	Jean Pierard mentionne l'existence d'un menhir qui se trouvait près du chêne prouvant les origines druidiques du lieu. L'arbre actuel est un chêne qui a remplacé un vénérable prédécesseur, détruit dans les années 1950. Planté en 1922, il perpétue le rite. Il est flanqué d'une chapelle de 1873 dédiée à saint Antoine de Padoue.
Le tilleul de Soleilmont, Gilly, Charleroi, Hainaut	Cités par Jean Chalon en 1912 comme "le plus remarquable" des arbres cloués de Belgique, avec environ 70 000 clous. Chalon y avait observé un rite de clouage sans tissu. Foudroyé durant les années 20, il a été remplacé. Une partie de son tronc est visible au Musée de la Vie wallonne de Liège.

Le tilleul d'Anthisnes, Liège	Ce tilleul majestueux, âgé d'environ 300 ans, était un ancien arbre de limite, comme en témoigne une borne de 1768 à son pied. De très nombreux trous de clous attestent d'un ancien rite aujourd'hui éteint.
Le tilleul de la Croix des Combes, Durbuy, Luxembourg	Âgé de plus de 200 ans, cet arbre calvaire (portant un Christ en croix) et de bornage présente peu de preuves d'un rite de guérison. Seuls quatre clous rouillés et quelques pièces de monnaie anciennement découvertes dans son écorce laissent supposer cette pratique. Le culte n'est plus pratiqué.
Le tilleul du Fief, Saint-Hadelin Olne, Liège	C'est le dernier arbre à clous en activité de la province de Liège. Ce tilleul de plus de 300 ans, au tronc creux, se dresse près de l'église. Il présente de très nombreuses traces de clouage, anciennes comme récentes (vis, clous cruciformes), prouvant que le rite perdure. La pratique est discrète et observée par les voisins. En 2020, suite à la tempête Francis, l'arbre a dû être élagué.

Le tilleul à clous de Han-sur-Lesse, Namur	C'est l'un des cinq tilleuls d'un alignement. Il est couvert de clous et de vis, anciens et récents. Un panneau explicatif est cloué sur l'arbre lui-même. Il est réputé pour soigner les maux de dents. Benoîts Loodts émet l'hypothèse que son usage a pu commencer comme un arbre d'affichage public, une pratique courante près des églises.
Le tilleul de Jassogne, Assesse, Namur	Il s'agit d'un tilleul vétéran de plus de 300 ans, au tronc creux. Des trous dans l'écorce et quelques clous anciens témoignent d'un rite de clouage aujourd'hui éteint et oublié des habitants.
Les tilleuls à clous de Buzet, Floreffe, Namur	Quatre tilleuls d'environ 250 ans sont situés près d'une chapelle de 1632. Seuls les deux arbres les plus éloignés du porche portent les traces (perforations, quelques vieux clous) d'un clouage ancien, qui garantissait une certaine discrétion au rite. La pratique est aujourd'hui abandonnée.

L'arbre de la Chapelle, Slins, Juprelle), Liège	C'est un tilleul isolé dans une plaine agricole, au tronc court et penché par le vent. Il est pourvu d'une petite chapelle en bois et d'une croix. Son écorce montre de nombreux trous d'un ancien clouage.
Le chêne Saint-Hubert, Floriffoux, Namur	Un chêne dont la tradition orale atteste longuement son statut d'arbre à clous. En 1946, on y voyait encore des pièces de monnaie clouées. Les traces de clous sont toujours visibles, bien que le rite soit éteint.

N°	Arbre	Lieux	Province	
1	Chêne de Monstrueux	Nivelles	Brabant wallon	✗
2	Tilleul de la place	Mellery (Villers-la-Ville)	Brabant wallon	✗
3	Pins de Braine-l'Alleud	Braine-l'Alleud	Brabant wallon	✗
4	Chêne « pouilleux »	Havré (Mons)	Hainaut	✗
5	Chêne Saint-Antoine	Herchies (Jurbise)	Hainaut	✓
6	Chêne Saint-Pierre	Ostiches (Ath)	Hainaut	✓
7	Chêne de l'Arconpuch	Stambruges (Beloeil)	Hainaut	✓
8	Robinier de la chapelle de l'Arconpuch	Stambruges (Beloeil)	Hainaut	✓

9	Tilleul de Soleilmont	Gilly (Charleroi)	Hainaut	X
10	Marronniers du Rœulx	Rœulx (Le Rœulx)	Hainaut	X
11	Gros Tilleul	Braffe (Péruwelz)	Hainaut	X
12	Tilleul à loques	Arc-Ainières (Frasnes-lez-Anvaing)	Hainaut	X
13	Charme à clous	Graty (Silly)	Hainaut	X
14	Arbre de la chapelle N.D. de Verviers	Trazegnies (Courcelles)	Hainaut	X
15	Arbre de la Liberté	Soumagne	Liège	X
16	Arbre d'Aaz	Visé	Liège	X
17	Tilleul du Crucifix de Temme	Ouffet	Liège	X
18	Tilleul du Coftice	José (Battice)	Liège	X
19	Tilleul des Floxhes	Vien (Anthisnes)	Liège	X
20	Tilleul de la Chapelle	Slins (Juprelle)	Liège	X
21	Tilleul « devant l'église »	Deigné (Aywaille)	Liège	X
22	Tilleul de la fontaine	Herve	Liège	X
23	Tilleul des Lognards	Xhoris (Ferrières)	Liège	X
24	Tilleul de la Croix du Pendu	Argenteau (Visé)	Liège	X
25	Tilleul de la Haute-Cour	Louveigné (Sprimont)	Liège	X

26	Saule près des ruines du château	Hollange-sur-Geer (Geer)	Liège	X
27	Tilleul	Warnant (Villers-le-Bouillet)	Liège	X
28	Tilleul de Miermont	Saive (Blegny)	Liège	X
29	Tilleul de Soxhluse	Magnée (Fléron)	Liège	X
30	Tilleul de la chapelle Saint-Roch	Tribômont (Pepinster)	Liège	X
31	Tilleul de Saint-Puits	Forêt (Olne)	Liège	X
32	Arbre de la chapelle de Wahal	Sart-lez-Spa (Jalhay)	Liège	X
33	Hêtre cloué (Clawé Fawe)	Jalhay	Liège	X
34	Tilleul de Fanson	Xhoris (Ferrières)	Liège	X
35	Tilleul du Thier de Tombeux	Tilff (Esneux)	Liège	X
36	Tilleul de la Place de l'Église	Banneux (Sprimont)	Liège	X
37	Tilleul du Thier de Stinval	Louveigné (Sprimont)	Liège	X
38	Tilleul de la Haute-Cour	Louveigné (Sprimont)	Liège	X
39	Tilleul de Lillé	Sprimont	Liège	X
40	Arbre de Fraiture	Fraiture (Comblain-au-Pont)	Liège	X
41	Chêne à la Vierge (Bois de Staneû)	Theux	Liège	X
42	Tilleul	Limont (Anthisnes)	Liège	X

43	Tilleul du Fief	Saint-Hadelin (Olne)	Liège	✓
44	Tilleul de la chapelle Saint-Donat	Hody (Anthisnes)	Liège	✗
45	Aubépine Saint-Hilaire	Gérômont (Comblain-au-Pont)	Liège	✗
46	Charme du "Djingote"	Plainevaux (Neupré)	Liège	✗
47	Tilleul d'Avionpuits	Fontin (Esneux)	Liège	✗
48	Châtaignier de l'ancienne ferme Fabry	Liége	Liège	✗
49	Arbre de Xhos	Xhos (Anthisnes)	Liège	✗
50	Marronnier	Fouron-le-Comte	Limbourg	✗
51	Tilleul Saint-Joseph	Koninksem (Tongres)	Limbourg	✗
52	Kwartjesboom (Tilleul)	Val-Meer (Riemst)	Limbourg	✗
53	Tilleul de la Croix des Combes	Longueville (Durbuy)	Luxembourg	✗
54	Tilleul du Baty	Izier (Durbuy)	Luxembourg	✗
55	Tilleul de Dampicourt	Dampicourt (Rouvroy)	Luxembourg	✗
56	Tilleul de la Croix des Combes	Longueville (Durbuy)	Luxembourg	✗
57	Arbres des Pèlerins (Hêtre)	Saint-Hubert	Luxembourg	✗
58	Tilleul de Jassogne	Assesse	Namur	✗
59	Tilleuls à cloux de Buzet	Floreffe	Namur	✗

Cette immersion m'a surtout permis de saisir une réalité poignante : l'extrême fragilité de ce culte. Ne reposant que sur la transmission orale et la ferveur locale, il est souvent tenu à bout de bras par le dévouement de quelques gardiens essentiels. Ainsi, à Herchies, un hommage est rendu sur la chapelle du chêne à Michel Robette, qui a toujours veillé sur ce lieu.
Sans ces passeurs de mémoire, ces arbres et leurs rites pourraient tomber dans l'oubli si nous ne nous engageons pas activement pour leur sauvegarde.

Point d'étape de l'enquête :
Un geste universel

Ce chapitre m'a ouvert les yeux sur l'universalité du culte des arbres. Le phénomène de Stambruges n'est pas isolé ; il s'inscrit dans une tradition millénaire, présente ailleurs en Wallonie.

Les "arbres fétiches" sont des points de convergence de l'espoir humain face à l'incertitude de la vie. Cette perspective élargie me pousse à explorer plus profondément les raisons de cette persistance, et à me pencher sur le rôle particulier de l'arbre dans la culture de ma région.

Le robinier faux-acacia
La mémoire d'un arbre disparu

Pendant des décennies, l'arbre-fétiche principal de Stambruges était un imposant robinier faux-acacia. C'est lui qui recevait la majorité des loques et des offrandes.
Les témoignages et photos anciennes le montrent couvert de linges, de bonnets d'enfants, de rubans, et même de béquilles, attestant de la ferveur des pèlerins. La Vierge de la chapelle voisine était particulièrement invoquée pour les maladies infantiles, ce qui explique la nature de nombreux ex-voto.

Malheureusement, cet arbre, déjà vieillissant, a été déraciné par une violente tempête en 2009. Mais un culte si profondément enraciné ne disparaît pas avec l'arbre qui l'incarne.
De manière tout à fait spontanée, les pèlerins ont reporté leurs dévotions sur le voisin le plus proche : le chêne qui se dresse toujours à côté de la chapelle. Cet arbre été pourtant destiné à la vente car il avait été marqué du marteau royal. Heureusement qu'un échevin de l'époque s'y est opposé.

Malgré la chute de l'arbre, certains continuent de déposer leurs objets sur son tronc couché. Le chêne voisin a pris le relais. Son écorce se couvre peu à peu des stigmates du malheur et de l'espoir des gens. Le culte n'est pas mort ; il a simplement changé de support, prouvant que c'est bien un lieu sacré pour ses habitants. La chapelle et l'arbre détiennent le pouvoir aux yeux des fidèles. La mort du robinier n'a fait que renforcer le mystère et la résilience de cette croyance populaire.

Été 2013 VS hiver 2025 : transfert et persistance du culte

Ancien arbre 1931 - Robinier faux acacia Photo de L. Haubourdin

1931 - Jeune épicéa garni de linges d'enfants - Photo de L. Haubourdin

6 : La chapelle Notre-Dame de l'Arbre-au-Puits

Au milieu des anciennes carrières abandonnées du Bois du Carnoit, on y accède par un simple sentier. L'endroit est à la fois pittoresque, écarté et un peu sauvage. C'est là que se dresse la chapelle Notre-Dame de l’Erconpuch, de l’Arconpuch ou de l'Arbre-au-Puits. C'est un petit édifice modeste, reconstruit et agrandi en 1899, mais dont l'histoire plonge ses racines bien plus loin dans le temps. Dédiée à la "Vierge des Bois", son existence même est indissociable de celle de l'arbre-fétiche qui se tenait à ses côtés.

L'histoire de la chapelle ne se lit pas seulement dans les archives, mais aussi dans les légendes qui l'entourent, transmises de génération en génération. Ces récits populaires, bien plus que de simples contes, nous révèlent la véritable nature de ce lieu sacré.

1931 - Chapelle - Photo de L. Haubourdin
On peut observer que même les jeunes arbres (entourant la chapelle étaient garnis de loques (Epicéa & acacias).
28/11/2009 – Chapelle taguée

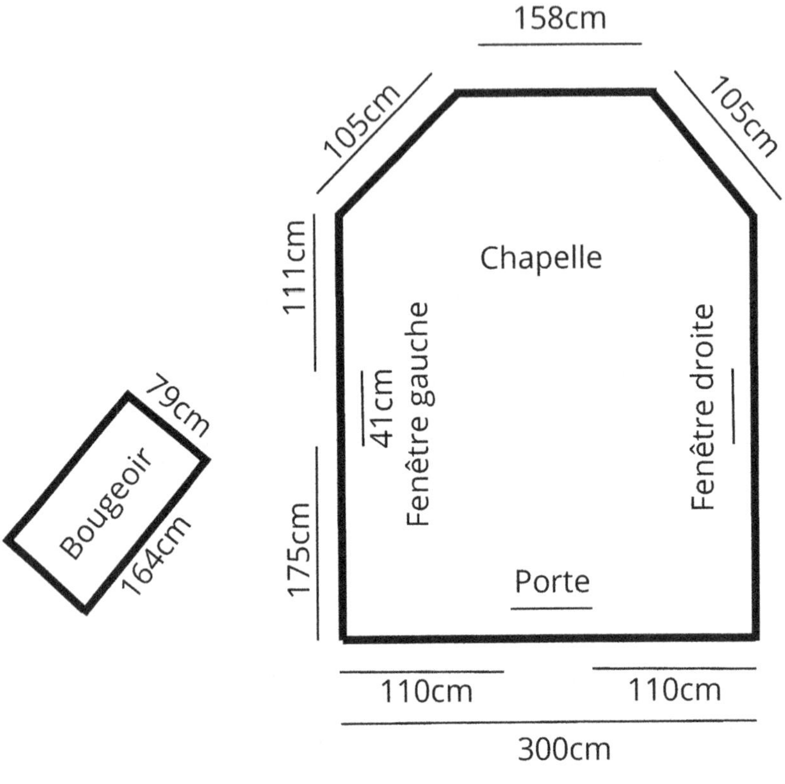

12 mètres carrés
Porte de style gothique
Bâtie en pierres taillées de grès
50°29'54" N 3°43'5" E
Altitude : 70 m

Les trois légendes fondatrices

Trois légendes principales racontent la naissance de la chapelle. Chacune, à sa manière, illustre la prééminence de l'arbre et le caractère sacré du lieu, avant même la construction de l'édifice.

1: **La Vierge de l'Arbre** :
La légende la plus répandue raconte qu'un matin, une statue de la Vierge est apparue sur les branches du robinier. Le curé du village, pensant bien faire, la transporta solennellement dans l'église de Stambruges. Mais le lendemain, la statue était revenue sur l'arbre. Lorsque le curé s'apprêta à la déplacer une seconde fois, la Vierge lui demanda de lui construire une "maison" à cet endroit précis, à côté de son arbre de prédilection. C'est ainsi que la chapelle fut bâtie.

2: **La Vierge qui marche** :
Une autre version raconte que la statue fut trouvée "au grand k'min" (sur le grand chemin) pendant une guerre (Napoléon).

Pour la protéger des soldats, on la plaça en sécurité dans une armoire. Le lendemain matin, sa robe était couverte de boue.
La Vierge avait marché toute la nuit pour retourner dans le bois, à son emplacement favori, prouvant qu'elle ne craignait rien.
C'est là, à l'endroit où elle revenait inlassablement, qu'on lui éleva sa chapelle.

3: **Le sanglier et le refuge :**
La troisième légende est celle d'un homme qui, poursuivi par un sanglier monstrueux dans la forêt, trouva refuge en se précipitant à l'intérieur de la chapelle. La bête, décontenancée par l'édifice sacré, perdit sa trace et l'homme fut sauvé.

Ces trois récits ont un point commun fondamental : ils ne commencent pas avec la chapelle, mais avec le lieu lui-même, un lieu sauvage où la nature et le surnaturel se rencontrent. Dans les deux premières légendes, la chapelle n'est pas l'origine du culte, elle en est le résultat. Elle est venue sanctifier un endroit déjà chargé de pouvoir.

Renaissance d'un lieu sacré : Mon histoire de gardien

Mon lien avec ce lieu, je le croyais intellectuel, presque abstrait. Il a fallu un retour aux sources pour qu'il devienne une évidence, un appel. En 2021, après quinze années passées au Sénégal, je suis revenu en Belgique.
L'une de mes premières promenades, en compagnie de ma chienne Keurby et de ma cousine Carolan, m'a naturellement ramené vers le vallon de l'Arconpuch. La joie des retrouvailles a vite laissé place à la tristesse. La chapelle, gardienne de tant de prières, était vandalisée. Le mur du bougeoir était éventré, la ferronnerie de la porte forcée, sans doute pour voler les quelques pièces laissées en offrande. À l'intérieur, les murs s'effritaient et une partie du plafond s'était effondrée.

Face à cette désolation, j'ai pris une décision. Il fallait qu'un miracle se produise ici. Il fallait sauver cette chapelle.

La chapelle se dresse au cœur de la "Forêt indivise de Stambruges", un territoire qui, comme son nom l'indique, n'appartient pas à une seule entité, mais est la propriété partagée de quatre Institutions : la Région Wallonne (33,3 %), la Province de Hainaut (33,3 %), la Commune de Beloeil (23,3 %) et la Commune de Saint-Ghislain (10 %). Pour la moindre intervention, il fallait donc obtenir l'autorisation de ces quatre propriétaires, un parcours administratif qui s'annonçait long et décourageant.

Face à l'urgence, j'avoue avoir pris une liberté. Pour les premières restaurations en 2021, celles qui ne pouvaient plus attendre, je n'ai pas demandé la permission. J'ai agi, poussé par la conviction qu'il fallait d'abord sauver le lieu avant qu'il ne soit trop tard. Mais pour le grand chantier de la toiture en 2025, un projet d'une tout autre ampleur, j'ai fait les choses dans les règles. Enfin, je pensais... Reconnaissant le travail déjà accompli et la mobilisation citoyenne, la Commune de Beloeil m'a officiellement accordé son autorisation et sa confiance pour prendre en charge la destinée du lieu.

Dans cette dynamique, et pensant de bonne foi disposer de l'accord nécessaire de l'ensemble des quatre propriétaires indivis, j'ai entrepris la restauration urgente de la toiture. Cependant, l'échevine et moi-même avons été informés a posteriori qu'il y avait eu un malentendu sur l'étendue des accords : nous ne disposions, en réalité à ce moment-là que de l'aval d'Anne Degardin, Directrice du Département Patrimoine de la Province du Hainaut. Je regrette sincèrement ce quiproquo procédural. Néanmoins, il faut reconnaître que face à l'état du bâtiment, cette action rapide a permis de gagner un temps précieux pour sa sauvegarde.

La complexité, et parfois le découragement, liés à l'attente simultanée de multiples autorisations sont des freins réels à la préservation du patrimoine.

Le combat difficile que mène Sabine Deplanque, depuis des années, pour sauver la chapelle N-D du Buisson (construite en 1701), aujourd'hui en ruine et sans toit, comme en témoigne la photo, illustre tragiquement ces lenteurs.

Mais recentrons-nous sur le sujet principal...
Ma première démarche fut de retrouver la gardienne du lieu, Madame Ghislaine Plasschaert. Avant elle, son mari Michel, veillait sur la chapelle.
Un rôle qu'il tenait lui-même de sa mère et avec Thierry Normand, le passionné de l'histoire locale, ils l'avaient restaurée et avaient même posé une plaque pour le centenaire de l'édifice. Mais Michel nous ayant quittés et Ghislaine étant alors âgée de 85 ans, elle ne pouvait plus s'en occuper.
Le jour où je suis allé chez elle pour lui proposer de prendre la relève, son visage s'est illuminé. Elle était enchantée et soulagée. C'est là qu'elle m'a confié les secrets du lieu, des histoires qui ne figurent dans aucun livre.
Elle m'a raconté qu'un jour, alors qu'elle se rendait à la chapelle pour la nettoyer, elle a entendu une voix forte crier: "Retourne chez toi !". Prise de peur, elle a fait demi-tour. Quelques jours plus tard, elle apprenait que la chapelle avait été vandalisée. Elle reste persuadée que cette voix l'a protégée des vandales.

Elle a aussi partagé avec moi le souvenir d'un autre miracle. Le 16 août 1988, le lendemain du chapelet de l'Assomption qui avait rassemblé deux cents personnes, le sol de l'ancien puits comblé s'est effondré sur plusieurs mètres de profondeur. Pour tout le village, la Vierge avait protégé les fidèles. Cette date résonna en moi : c'était quelques jours à peine avant ma propre visite, bébé, où ma famille était venue déposer ma chaussette pour mon pied bot.

Pour la gardienne, ce lieu a toujours été protégé par une force étrange. Ghislaine m'a même raconté qu'autour de 1990, un jeune homme qui tentait de voler les offrandes en grimpant sur le toit est tombé, s'empalant sur la croix qui lui a perforé le poumon. Ce sont ses amis, effrayés de le voir saigner si abondamment, qui l'ont dénoncé.

Ces histoires m'ont convaincu de l'attachement profond des Campenaires à leur chapelle.
Ce surnom, donné aux habitants de Stambruges, n'est pas anodin.
Il raconte l'histoire du village, aux XIXè et XXè siècles, une époque où ses habitants étaient des marchands ambulants. Ils parcouraient le pays, campant souvent en plein air – d'où leur nom de "campe-en-air" – pour vendre toutes sortes de marchandises, mais surtout le houblon et la toile qui firent leur renommée. Cet esprit de communauté, de débrouillardise et d'endurance, je l'ai retrouvé intact dans l'amour que les gens d'ici portent à leur patrimoine.

Cet attachement se lit aussi dans l'histoire du bâtiment : son toit a été refait trois fois, en 136 ans. Son importance est même cartographiée sur la carte de Vandermaelen de 1850 où l'on aperçoit le sentier qui menait en ligne droite de l'église Saint-Servais jusqu'à la chapelle.
C'est la preuve de son statut de lieu de pèlerinage majeur, bien avant sa rénovation de 1889.

Pour restaurer la chapelle, j'ai décidé de faire appel à la communauté, mais avec les outils de notre temps : les réseaux sociaux. Sur ma page Facebook, j'ai lancé un appel aux artisans et aux bénévoles. La réponse fut incroyable. Ma famille et David Marlier sont intervenus pour le plafonnage et la peinture. G & G Rénov a réparé le mur du bougeoir. Axel Moulin a refait une partie de la toiture en ardoise. Sérafino Manchisani et Léo Conversano, deux artisans au cœur d'or, ont reproduit à l'identique la ferronnerie manquante de la porte. La fleuriste "La Rose des Sables" a offert la décoration florale... Chaque intervention, filmée et partagée, a montré la force de notre démarche citoyenne.

Le plus grand défi est arrivé en début 2025.
La toiture d'après-guerre, qui contenait de l'amiante, menaçait de s'effondrer. J'ai lancé une cagnotte participative avec un objectif de 6 000 €. En dix jours à peine, nous avons récolté 8 600 € auprès de 140 donateurs. Cette mobilisation extraordinaire prouvait, une fois de plus, l'amour des gens pour ce lieu.

Mission réussie : la nouvelle toiture a été posée les 4 et 5 septembre 2025.

Aujourd'hui, la chapelle est sauvée. J'y ai installé un panneau explicatif pour les visiteurs qui s'interrogent sur cet arbre étrange, couvert de loques.
La flamme est ravivée.
Le miracle que j'espérais n'est pas venu du ciel, mais du cœur des hommes et des femmes de ma région, unis pour préserver leur patrimoine.

Les éléments restaurés en 2021

LE PLAFONNAGE

PAR JOSEPH CROES

Mon grand-père

LA FERRONERIE

PAR LÉO CONVERSANO ET FINO

MUR DE L'AUTEL À BOUGIES

PAR GREGROIRE BOUCQ

L'INTÉRIEUR DE LA CHAPELLE

PAR DAVID MARLIER ET MOI

Remise de l'enduit et peinture.

TABLEAU EXPLICATIF

OFFICE DU TOURISME DE BELOEIL

TUILES ABIMÉES

AXEL MOULIN

2024 **CORNICHE**

Facturée : 750, 61€

2025 **TOITURE**

Facturée : 4581,3€ (Sous 3 appels d'offres - charpente en bon état)

Point d'étape de l'enquête :
Un gardien pour un lieu vivant

En m'engageant dans la restauration de la chapelle, j'ai participé à la sauvegarde d' un pan de notre patrimoine, mais j'ai aussi hérité d'une mission : celle de comprendre ce qui rend ce lieu si puissant. J'ai eu la confirmation de l'attachement profond des Campenaires, de la persistance des légendes et des miracles, et des défis administratifs pour la sauvegarde du lieu. L'Arconpuch n'est pas un monument figé ; c'est un lieu vibrant d'histoires et d'émotions, un "palimpseste" vivant où le sacré et le profane se mêlent. La question n'est plus seulement de savoir ce qui s'y est passé, mais pourquoi et comment ce lieu continue de résonner si fort.

Il vient, notre Dieu, il ne reste pas en silence; Devant lui est un feu dévorant,
Autour de lui une violente tempête.

Ignauguration en 2021 avec le Doyen, Yves Verfaillie

Vers 1910 - Chapelle Notre-Dame de l'Arbre-au-Puits
Photo de L. Haubourdin

1931 - Anciens lampadaires - Photo de L-Haubourdin

Sur l'arbre, il est noté:

"Merci de respecter ce lieu en n'y déposant plus ni papiers, ni boîtes vides."

7 : Les objets qui parlent Une archéologie du présent

Les loques, clous et autres offrandes laissés à Stambruges ne sont pas de simples déchets. Ce sont des artefacts chargés de sens, des archives d'émotions. En les observant comme un archéologue, on peut lire l'histoire intime de notre société.

- **Chaque loque est un artefact**

Un vêtement d'enfant raconte l'angoisse d'un parent face à la maladie de son petit.
Un bandage usé témoigne d'une blessure qui ne guérit pas. Comme je l'ai observé durant la pandémie, un masque chirurgical abandonné sur une branche raconte une peur collective face à un mal invisible. Ces objets sont le langage silencieux de la souffrance.

- **Le miroir de nos vies**

L'évolution des offrandes est un miroir de notre société. Les simples tissus et sabots d'autrefois, décrits par Antoine Gosselin, ancien Bourgmestre de la Commune, de 1897 à 1922, ont été rejoints par des objets manufacturés : tétines en plastique, photos d'identité, bracelets d'hôpital,...
Chaque nouvelle offrande est un marqueur de notre époque, de nos modes de vie et de nos nouvelles angoisses. L'arbre devient malgré lui un "musée" de la condition humaine.

- **De l'intime au public**

L'acte de déposer un objet très personnel (un vêtement porté, une mèche de cheveux) dans un lieu public est un geste anthropologique fort. C'est une manière de rendre une souffrance privée visible et de la partager symboliquement avec une communauté invisible de pèlerins, passés et futurs. On ne vient pas seulement déposer son mal, on rejoint une assemblée silencieuse de gens qui, avant nous, ont ressenti la même peine et le même espoir.

Mais les offrandes ne sont pas toujours muettes. Parfois, l'arbre ne se contente pas de recevoir des symboles; il devient le dépositaire de confessions intimes, de prières écrites qui nous permettent de lire à cœur ouvert les espoirs de notre époque.
Le 18 juillet 2023, j'ai trouvé une lettre, glissée avec soin près des racines. C'est une "Lettre d'intention à l'Univers", une prière moderne qui, loin de demander la guérison d'un mal physique, implore la venue d'un amour sain et durable. En voici un extrait, anonymisé par respect pour son autrice :

"Cher Univers, Cher astre de vie, témoin de mes vœux les plus sincères. Aujourd'hui, je viens déposer une intention d'amour, claire et construite, un appel profond venu de mon cœur. Je suis prête à accueillir une relation d'amour stable, sincère et réciproque [...]. Je ne veux plus de schémas (menteur, des silences, des fuites), des doutes qui détruisent. Je veux un lien qui nourrit, qui grandit, qui soigne."

Cette lettre est un document extraordinaire. Elle montre comment le site de l'Arconpuch, ce lieu de guérison ancestral, s'est adapté pour devenir un sanctuaire pour les maux de l'âme contemporains. Le vocabulaire a changé – on parle d'"intention", de "schémas", de "guérir" une relation – mais le geste fondamental demeure.

"*Je vois [l'homme aimé] poser ses valises près de moi, se dire "je suis là. Je t'aime [...]". [...] Si ce n'est pas lui, je demande à l'Univers de me le montrer clairement. [...] Je scelle cette intention ici, avec tout mon cœur, toute ma foi et tout mon amour. Merci.*"

"*Je scelle cette intention ici*". Cette phrase est la clé. L'autrice n'a pas choisi ce lieu par hasard. Elle est venue à l'arbre-fétiche, ce lieu chargé de la foi de milliers de pèlerins, pour donner de la force et un caractère sacré à son vœu. C'est la preuve que l'Arbre à Loques n'est pas seulement un guérisseur de corps, mais aussi, et peut-être surtout aujourd'hui, un gardien des peines de cœur et un amplificateur des espoirs les plus intimes.

Mais parfois, au détour d'une branche, parmi les offrandes familières, on découvre des objets qui racontent des histoires d'une portée insoupçonnée, des liens tissés par le désespoir et l'espoir à travers les frontières du monde et de l'actualité. Récemment, j'ai eu la surprise de trouver sur l'arbre **une photographie de famille**, son verso couvert d'une écriture cyrillique. Un fragment de vie, venu de loin, porteur d'une prière déchirante.
Après traduction, le message révélait une détresse profonde et universelle

"Très Sainte Mère de Dieu ! Sauve la famille. Conduis-les à Dieu. [Quelqu'un] boit beaucoup, [et prend de la] drogue. Sauve et aie pitié. Odessa [mot illisible]. Je me confie à toi, Mère de Dieu."

Cette note, manuscrite, adressée à la Theotokos (la Vierge Marie dans la tradition orthodoxe), est une invocation typique de la prière russe. Elle est d'une intensité bouleversante. Qui est cette famille sur la photo ? Quel est ce "quelqu'un" qui "boit beaucoup" et "prend de la drogue" ? Comment cette photo venue d'Odessa, ville emblématique d'un conflit qui déchire l'Europe, a-t-elle trouvé son chemin jusqu'à notre arbre, dans la Forêt de Stambruges ?

Cette trouvaille est une révélation.
Elle démontre que l'Arconpuch n'est pas qu'un refuge pour les maux locaux ou même européens. Il est devenu, pour certains, un **sanctuaire de portée internationale**, un lieu où les peines les plus lourdes, celles issues des tragédies personnelles et collectives les plus contemporaines, sont déposées. Face à la violence de la guerre, aux déchirements des familles, aux ravages des addictions, des personnes, peut-être des réfugiés ou des proches de victimes, viennent confier à la Vierge et à la force de l'Arbre, un espoir que seule la foi peut encore nourrir.

C'est une preuve éclatante de la **résilience du besoin humain** de sacré et de rituel.
L'arbre de Stambruges, dans son silence et sa permanence, est devenu un point d'ancrage pour les prières les plus désespérées, un lieu où le destin d'une famille d'Odessa, blessée par la guerre et ses conséquences, croise la tradition millénaire de notre forêt.
Il nous rappelle que, quelle que soit notre origine ou notre religion, nous sommes tous unis par les mêmes quêtes d'aide, de réconfort et de salut.

Point d'étape de l'enquête :
Les archives de l'"invisible"

Les loques et autres offrandes se sont révélées comme autant de témoignages précieux. Ces objets, souvent humbles, sont les archives de l'invisible, le miroir de nos peurs, de nos espoirs et de l'évolution de nos sociétés. Ils donnent une voix aux souffrances muettes et une forme tangible aux vœux les plus intimes. J'ai compris que l'arbre ne fait pas que recevoir ; il garde la mémoire de tous ces gestes.

Il est un "musée involontaire" de la condition humaine.

8 : L'espace sacré et le temps du rituel

Pour comprendre la ferveur qui anime les pèlerins de Stambruges, il ne suffit pas d'analyser leurs croyances ; il faut aussi comprendre la nature du lieu qu'ils visitent. Le site de l'Arconpuch n'est pas un endroit comme les autres. C'est un espace "sacré", un lieu mis à part du monde ordinaire, où les règles et la perception du temps sont différentes.

La traversée du seuil : du profane au sacré

Le voyage vers la chapelle est en soi la première étape du rituel. Le pèlerin quitte le monde "profane" – celui de la routine, des routes, du bruit du village – pour s'enfoncer dans le bois. Le sentier qui mène au vallon en est le seuil. On pénètre dans un espace "sacré", un sanctuaire de silence où la nature impose son propre rythme.

Le temps semble ralenti, l'agitation du monde s'estompe, et une connexion plus intime avec le non-humain devient possible. C'est dans cette atmosphère unique que le rituel peut prendre tout son sens.

L'état liminal : entre deux mondes

L'anthropologue Victor Turner a défini la "liminalité" comme un état "entre-deux", un moment de transition où tout devient possible. Le site de Stambruges est un lieu liminal par excellence. Il est à la lisière de la civilisation et de la forêt sauvage, à la croisée du culte chrétien et des croyances païennes. Le pèlerin qui s'y rend est lui-même dans un état liminal : il n'est plus simplement "malade", mais pas encore "guéri".

Il est suspendu dans un temps d'attente, de vulnérabilité et d'espoir intense. C'est sur ce seuil, dans cet espace "entre-deux", que la transformation – la guérison espérée – est censée pouvoir s'opérer.

Point d'étape de l'enquête :
La cartographie de l'Âme

L'analyse anthropologique m'a offert des outils puissants pour décrypter l'expérience des pèlerins.
Le site de l'Arconpuch n'est pas seulement un point sur une carte ; c'est un "espace sacré" et "liminal", une frontière où l'on dépose les fardeaux et où l'on espère la transformation.

Comprendre ce cheminement du profane au sacré éclaire la puissance intrinsèque du lieu, bien au-delà des simples croyances.
Mais comment ces rituels se manifestent-ils concrètement ?

9 : Le syncrétisme vivant Quand la Vierge dialogue avec l'arbre

Le site de Stambruges est un exemple magistral de syncrétisme religieux : la fusion de deux systèmes de croyances. Mais ce n'est pas un simple événement historique figé dans le passé ; c'est un dialogue vivant qui se poursuit encore aujourd'hui.

- **Deux cultes, un écosystème spirituel**

Comme l'a observé Gosselin, les deux cultes coexistent en se partageant le temps : le jour pour la Vierge, la nuit pour l'arbre. Il n'y a pas eu de remplacement, mais une sorte de spécialisation. La chapelle, avec ses prières et ses neuvaines, semble répondre à une demande de réconfort dans un cadre chrétien structuré. L'arbre, lui, accueille des gestes plus instinctifs, plus "magiques", qui relèvent d'une croyance plus ancienne en la force de la nature elle-même.

- **Des frontières poreuses**

Aujourd'hui, les frontières entre ces deux cultes sont devenues poreuses. J'ai souvent observé des chapelets accrochés aux branches de l'arbre, mêlés aux loques.
Des pèlerins me confient qu'ils viennent "prier la Vierge" et "demander à l'arbre".
Cette hybridation des gestes est la preuve que le syncrétisme n'est pas figé. Les croyants réinventent constamment leur propre rituel, en puisant ce dont ils ont besoin dans les deux traditions. Ils ne voient pas de contradiction entre la foi chrétienne et la croyance en la force de l'arbre ; pour eux, ce sont deux facettes d'un même pouvoir sacré, celui d'un lieu où le ciel et la terre se rencontrent.

L'Arconpuch n'est pas un cas isolé.
En me penchant sur les pratiques qui s'y déroulent, je découvre que ce “culte” s'inscrit dans une tradition bien plus vaste.

Comment cette coutume traverse-t-elle les âges ?
Quelles formes prend-elle ailleurs ?
Quelles émotions, quelles peurs, quelles espérances se cachent derrière ces offrandes ?

Mon investigation me mène à travers l'histoire et les continents, pour comprendre ce qui relie Stambruges au reste du monde.

10 : Les cousins du monde : L'arbre à vœux, un geste universel

Le rituel de l'arbre à loques de Stambruges, si particulier et si ancré dans notre terroir, n'est pas une simple anecdote régionale.
C'est, en réalité, la manifestation locale d'un geste humain universel, un écho qui résonne dans d'innombrables cultures à travers le monde. En observant des pratiques cousines, on comprend que le dialogue entre l'homme souffrant et l'arbre consolateur est une constante de notre histoire.

- En **Écosse** et en **Irlande**, les "**Clootie Wells**" (puits à loques) sont des lieux de pèlerinage depuis l'époque celtique. Près d'une source sacrée, un arbre, souvent une aubépine, se couvre de morceaux de tissu préalablement trempés dans l'eau guérisseuse. Le principe est le même qu'à Stambruges : en se décomposant, la loque emporte la maladie.

- Au **Tibet**, les **arbres à prières** se parent de milliers de drapeaux colorés, les **Lung ta**. Chaque couleur symbolise un élément, et le vent, en faisant flotter les tissus, est censé disperser les prières et les bénédictions pour le bien de tous les êtres.

- Au **Japon**, dans les sanctuaires shintoïstes, la tradition des "**Omikuji**" veut que l'on attache les prédictions de mauvaise fortune à une branche d'arbre. C'est une manière de confier le mauvais sort aux esprits (*kami*) de l'arbre, qui ont le pouvoir de le conjurer.

Clootie Well

Tibet - Arbre à prière

Japon - Omikuji

De la **Sibérie**, où les voyageurs nouent des rubans à un "**arbre à banderolles**" pour s'assurer un voyage sans encombre , jusqu'à l'**Afrique du Nord**, où l'on accroche un morceau de son vêtement à un buisson pour y "**lier ses fièvres**", le geste se répète.

Cette universalité est une preuve bouleversante. Partout sur la planète, l'Humanité a intuitivement reconnu l'Arbre comme un intercesseur, un gardien silencieux capable d'accueillir nos peines et de porter nos espoirs.

Arbre à souhaits - Pairi Daiza - Belgique

Les manifestations de ces cultes arboricoles sont variées, mais les principes sous-jacents — le transfert des maux, la matérialisation des vœux — traversent les continents.
En Afrique, cette même logique a donné naissance à des objets d'une puissance symbolique tout aussi saisissante : les Nkisi (ou Nkishi) du peuple Kongo, principalement en République Démocratique du Congo et en Angola.

Ces statuettes, souvent anthropomorphes ou zoomorphes, ne sont pas de simples représentations ; elles sont considérées comme des réceptacles de forces spirituelles ou de remèdes. Pour “activer” un Nkisi, le devin-guérisseur (le nganga) insérait des substances médicinales ou symboliques dans une cavité (souvent recouverte d'un miroir ou d'un tissu), et le plaignant venait y enfoncer un clou ou une lame.
Chaque clou planté n'était pas un acte de violence, mais la concrétisation d'un serment, la matérialisation d'un litige à résoudre, d'une injustice à réparer, ou d'une maladie à expulser.

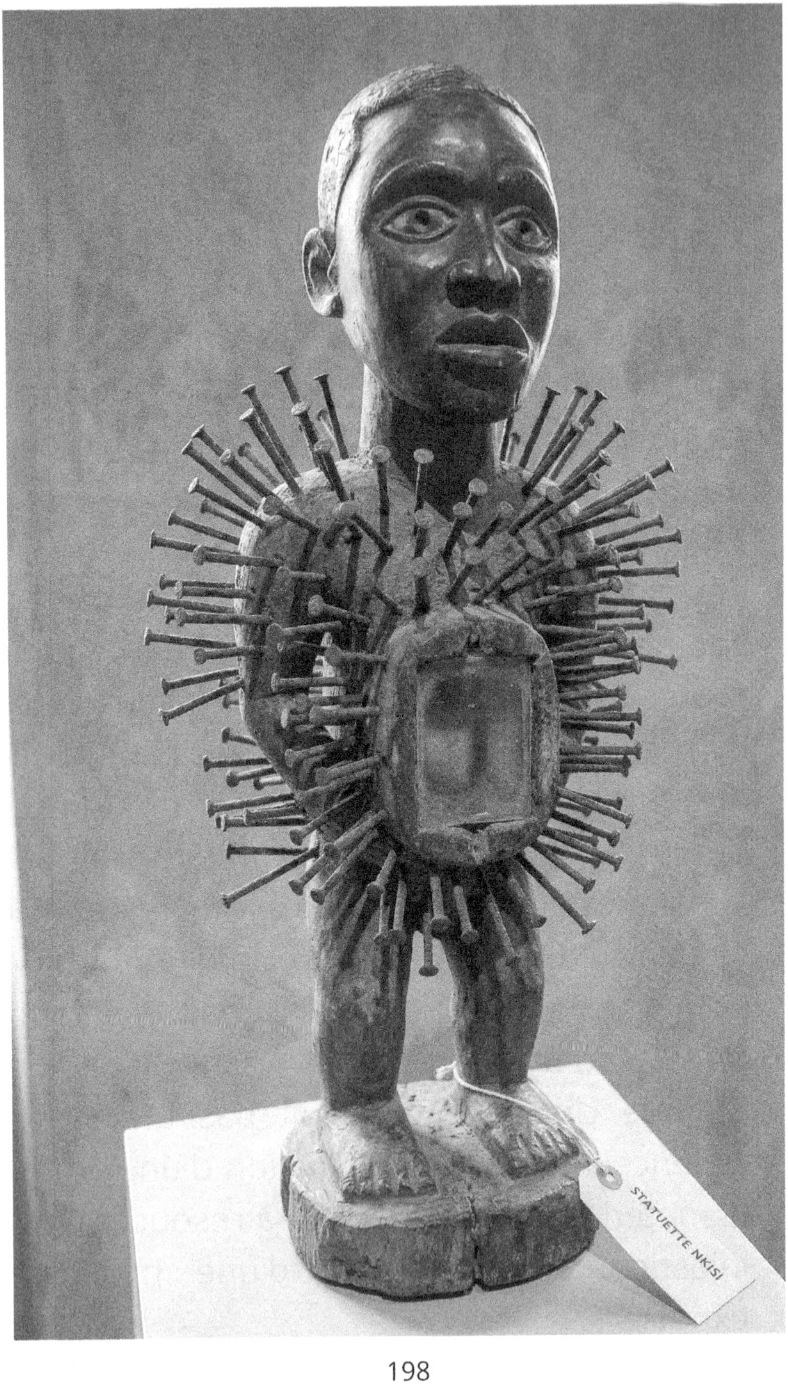
STATUETTE NKISI

À l'image de nos arbres à clous et à loques, le geste de planter ou d'accrocher y scellait une intention, engageait la force spirituelle de l'objet ou du lieu à intervenir.

Les Nkisi Nkondi, les plus célèbres parmi eux, avec leur corps hérissé de clous et de fers, sont des témoignages éloquents de cette volonté humaine d'extérioriser ses peines, ses promesses et ses quêtes de justice par un acte physique sur un support sacré.

Ils résonnent avec la même force brute que ces troncs d'arbres que nos ancêtres hérissaient de clous et de tissus : une preuve de l'universalité de nos besoins de guérison, de protection et de sens, quelle que soit la forme que prend le réceptacle de nos espoirs.

Iroko de la Forêt sacrée de Kpassé - novembre 2025

C'est cette même quête d'un lien tangible avec le sacré qui m'a récemment conduit bien loin de nos latitudes tempérées. En novembre dernier, j'ai eu le privilège de me rendre au Bénin, à Ouidah, terre considérée comme le berceau historique du vaudou. Là-bas, je suis entré dans la Forêt sacrée de Kpassè, un lieu où la nature elle-même se fait temple à ciel ouvert.

Au cœur de ce sanctuaire végétal se dresse un géant : un iroko (Milicia excelsa), arbre hautement vénéré de 400 ans. La légende raconte que le roi Kpassè lui-même s'y serait métamorphosé pour échapper à ses ennemis, s'incarnant à jamais dans son écorce puissante. Sur l'image que je rapporte de ce voyage, ma main se pose sur ce tronc chargé d'histoire. Ce geste ne fut pas anodin ; il fut précédé, comme le veut la coutume, d'un don. Car sous le houppier solennel de l'iroko, la ferveur est palpable. Les rituels vaudous y déploient une intensité saisissante : chants, danses, libations et offrandes de nourriture s'enchaînent pour honorer l'esprit du Roi et les divinités locales.

Souvent dictées par les consultations de l'oracle Fâ pour conjurer le mauvais sort ou attirer la prospérité, ces cérémonies mènent parfois les initiés jusqu'à la transe, leur permettant de communiquer avec les esprits.

Le miroir lointain de notre arbre à loques

Face à ce géant africain, le parallèle avec notre modeste arbre à loques s'est imposé avec une force troublante. Malgré les milliers de kilomètres, les différences climatiques et le fossé culturel, le socle humain reste le même : ce besoin viscéral de trouver un intermédiaire vertical, un ancrage végétal pour dialoguer avec l'invisible, matérialiser une demande ou espérer une guérison.

Pourtant, les expressions de cette foi diffèrent radicalement. Là où notre culte local se fait souvent murmure, démarche individuelle, presque secrète, pour déposer un tissu imprégné de maladie, le rite béninois est une explosion collective de vie, de sons et de mouvements.

Fromager sacré de Ganvié, Bénin - Novembre 2025

Un détail frappant illustre cette divergence dans la gestion du sacré : l'iroko de Ouidah est souvent ceint d'une étoffe blanche immaculée, symbole de pureté. Lorsque le temps et les éléments ont souillé ce tissu, on ne le retire pas. On vient respectueusement le recouvrir d'une étoffe neuve, ajoutant une nouvelle strate de respect. Quelle différence avec notre pratique ! Chez nous, la loque est un transfert de souillure qui est vouée à pourrir et disparaître pour emporter le mal avec elle ; là-bas, le tissu est un hommage dont la pureté doit être constamment renouvelée pour honorer la puissance royale et divine qui habite l'arbre.

Deux arbres, deux continents, deux manières d'appréhender le tissu, mais une seule et même racine : la reconnaissance de l'arbre comme porte vers le sacré.

Baobab creux, village de Koussoucoingou Bénin - novembre 2025

11 : La psychologie du nœud Pourquoi ce geste nous apaise-t-il ?

Au-delà de la foi en une guérison miraculeuse, pourquoi ce simple geste
- nouer un chiffon à une branche -
a-t-il un tel pouvoir sur notre esprit ?
La force du rituel de l'arbre à loques réside dans sa profonde intelligence psychologique, répondant à des besoins fondamentaux face à l'épreuve.

- **L'externalisation de la souffrance**

La maladie, le chagrin ou l'anxiété sont des maux invisibles, qui nous rongent de l'intérieur. Le premier pas du rite consiste à leur donner une forme tangible. Le mouchoir qui a essuyé nos larmes, le bandage qui a couvert notre plaie, la chaussette de notre enfant malade... Cet objet devient le réceptacle physique de notre mal. En le tenant dans notre main, nous tenons notre souffrance.

- **Le pouvoir du "lier"**

Le nœud est un symbole universel de fixation. En nouant fermement le tissu à la branche, le pèlerin accomplit un acte magique : il "lie" sa maladie, l'emprisonne, la scelle loin de lui. C'est un geste qui lui redonne un sentiment de contrôle sur une situation qui, jusque-là, lui échappait totalement. Il n'est plus passif face à son mal ; il agit.

- **L'acte du lâcher-prise**

Une fois le nœud serré, le pèlerin s'en va.
Il abandonne physiquement son fardeau.
Cet acte de séparation est crucial. Il confie sa peine à une force plus grande et plus durable que lui : l'arbre, la nature, le cycle des saisons. Il fait confiance au temps, à la pluie et au vent pour faire leur œuvre, pour que la loque se délite et que le mal disparaisse avec elle.
C'est une matérialisation du lâcher-prise.

L'arbre à loques est donc bien plus qu'un lieu de superstition.
C'est un espace thérapeutique à ciel ouvert, un outil psychologique ancestral qui nous permet de nommer notre souffrance, d'agir sur elle, et enfin, de nous en libérer.

La loque et la rose
Le langage silencieux des offrandes

Que faisons-nous lorsque les mots ne suffisent plus ? Quand l'amour est trop grand, le chagrin trop lourd, l'espoir trop fragile pour être simplement dit ? Nous accomplissons un geste. Nous offrons un objet.
Le plus souvent, une fleur. Pour séduire l'être aimé, pour honorer nos morts, nous tendons un bouquet, une offrande de beauté et de vie. Ce geste nous semble naturel, évident. Pourtant, il obéit aux mêmes lois secrètes de l'âme que celles qui poussent un pèlerin à nouer un simple chiffon à une branche dans le silence d'une forêt.

En comparant la loque et la rose, on découvre que ces deux offrandes, en apparence si opposées, sont en réalité deux dialectes d'un même langage silencieux : celui du cœur humain cherchant à communiquer avec l'invisible.

La fleur : une offrande de beauté

Lorsque nous offrons des fleurs à une personne que nous aimons, nous lui offrons ce que la nature a de plus précieux et de plus vibrant : la couleur, le parfum, la vie.
Le bouquet est une **offrande de beauté**, un message qui dit : "Je t'offre la vie pour que tu m'aimes". C'est un geste d'enrichissement, un don de soi symbolisé par l'éphémère perfection de la nature.

Lorsque nous déposons des fleurs sur une tombe, le geste change de sens mais conserve sa nature. Nous offrons de la beauté à la mémoire d'un être cher. C'est une manière de **soigner notre propre chagrin** en honorant le défunt, en maintenant un lien coloré et vivant avec celui qui n'est plus.
La fleur, qui finira par se faner, accepte de partager le destin du disparu, rappelant le cycle de la vie et de la mort. Dans les deux cas, la fleur est un **don de soi vers l'autre.**

La loque : une offrande de douleur

La loque, elle, est tout l'inverse. C'est un objet humble, usé, souvent souillé. On ne vient pas à l'arbre pour lui offrir de la beauté. On vient lui donner ce que l'on a de plus laid, de plus lourd : notre mal.

La loque est une **offrande de douleur**.

Le message n'est pas : "Je te donne la vie pour que tu m'aimes", mais "Je te donne ma souffrance pour que tu m'en libères". C'est un geste de **transfert**, de dépossession. On ne cherche pas à enrichir l'arbre, on cherche à s'alléger d'un fardeau. C'est un acte de purification, où l'on se déleste de ce qui nous ronge pour le confier à une force plus grande, plus stable et plus endurante.

Un même rituel du cœur

Pourtant, malgré ces intentions opposées, le geste de la loque et celui de la rose partagent une grammaire commune :

- **Ce sont des langages silencieux** : ils expriment des émotions trop intenses pour les mots.

- **Ce sont des actes de transfert** : on transfère son amour dans la fleur ; on transfère sa maladie dans la loque.

- **Ce sont des offrandes à une puissance** : qu'il s'agisse de l'être aimé, de la mémoire d'un défunt ou de l'esprit de l'arbre, on s'adresse à une entité dont on espère une réponse (l'amour, la paix, la guérison).

- **Ce sont des actes de foi** : on a foi que la beauté des fleurs touchera le cœur de l'autre. On a foi que la force de l'arbre absorbera notre mal.

Le modeste chiffon noué au chêne de Stambruges et le somptueux bouquet de roses offert pour une déclaration d'amour sont les deux branches d'un même arbre : celui de notre besoin immémorial de créer des rituels pour donner un sens à nos vies, pour parler à l'invisible, et pour tenter, par un simple geste, de soigner les blessures de l'âme.

12 : Les voix de l'arbre
Paroles de pèlerins

Pour que le culte des arbres à loques et à clous soit un jour reconnu comme Patrimoine Culturel Immatériel, les livres d'histoire et les analyses anthropologiques ne suffisent pas. Il faut des voix. Celles des gens qui, aujourd'hui comme hier, continuent de faire vivre ces rituels. Dans le cadre de mon enquête, j'ai eu la chance de recueillir des témoignages précieux, des fragments de vie confiés avec pudeur, qui sont le véritable cœur de ce patrimoine.

Chaque histoire est une fenêtre ouverte sur une relation intime entre un être humain et l'arbre, une relation où se mêlent la foi, l'espoir et la transmission.

Témoignage de Sabine D. : "Ma maman croyait aux pouvoirs de l'arbre"

L'histoire que m'a confiée Sabine D. est un exemple magnifique de la manière dont ces croyances se transmettent de mère en fille, comme un héritage secret.

"*Et bien, ma maman, Yvette B., croyait aux pouvoirs de l'arbre. De son temps, on allait voir des rebouteux, on essayait les méthodes anciennes pour se guérir. Et notamment, aller demander à l'arbre à loques d'aider sa petite sœur à marcher.*" *LLN 86-19*

Le récit de Sabine nous transporte dans un passé pas si lointain, où la médecine populaire et les rituels ancestraux faisaient partie intégrante du parcours de soin. Elle me raconte le pèlerinage de sa mère et de sa grand-mère, un voyage empreint de détermination et d'espoir.

"*Elle est venue, avec sa maman, à pied depuis Pommerœul... Elles ont mis une chaussure de la petite sœur à l'arbre, ont allumé une bougie et ont fait la prière en tournant trois fois autour de la Chapelle.*"

Ce geste, si précis et si humble, est chargé de symboles : la chaussure, qui représente l'incapacité de marcher ; la flamme de la bougie, qui incarne la prière ; et les trois tours de la chapelle, qui ancrent le rite dans une dimension sacrée. Le résultat ?

"*La petite sœur a fini par marcher... Bon, elle a marché tard, ce qui n'est pas non plus catastrophique... mais voilà ce qu'elle me racontait.*"

Cette dernière phrase, pleine de pudeur, résume toute la complexité de cette foi. Il n'y a pas de certitude, pas de preuve irréfutable, mais le souvenir d'une promesse tenue, d'une prière qui, d'une manière ou d'une autre, a été entendue.

Des années plus tard, Yvette, à la fin de sa vie, se tourne à nouveau vers l'arbre, elle demande à sa fille, Sabine, de devenir à son tour la messagère de sa prière.

"*Dans ses dernières années de vie, ma maman avait des problèmes aux jambes, qui suintaient de l'eau... On lui bandait les jambes. Elle m'avait alors demandé d'aller accrocher un bandage à l'arbre à loques, et de faire le rituel pour demander à l'arbre de guérir ses jambes... Je l'ai fait. Mais son mal partait et revenait...*"

Le "miracle" n'a pas toujours lieu, ou du moins, pas comme on l'attend. Mais ce qui est remarquable, c'est la persistance du geste. En accomplissant ce rituel pour sa mère, Sabine n'a pas seulement déposé un bandage ; elle a perpétué une chaîne de transmission, un lien invisible qui unit trois générations de femmes au même arbre, au même espoir. Ces témoignages sont la preuve vivante que l'arbre à loques n'est pas qu'un simple vestige du folklore ; il est un membre à part entière de la mémoire et de l'histoire de nos familles.

Témoignage de Christine D. : "Cet arbre m'a permis de garder la foi, de garder l'espoir"

Le récit de Christine D. est une illustration bouleversante de la manière dont la foi en l'arbre peut surgir au moment du plus grand désespoir, offrant un ancrage vital et une source d'espoir durable.

En 1989, à 20 ans, le plus grand souhait de Christine, orpheline, était de devenir maman. Un vœu exaucé par la naissance de Julien. Mais le bonheur laisse place à l'inquiétude quand une tache rouge apparaît et grandit sur la joue de son bébé. Une "nave de sainte Catherine" ou un eczéma résistant, que la médecine ne parvient pas à guérir malgré de multiples consultations et traitements à la cortisone. C'est alors que le désespoir la pousse vers une dernière ressource : la sagesse populaire.

"J'avais encore ma grand-mère qui avait une amie guérisseuse. Cette dame a soufflé sur le visage de Julien et m'a dit de mettre un ruban à l'arbre à loques de l'église de Saint-Amand. Il ne me restait plus que la 'foi'." LLN 127-19

Le geste, inspiré par une guérisseuse et un lieu de culte similaire (celui de Saint-Amand, renforçant l'universalité de la pratique), est simple. Et pourtant, pour Christine, le résultat fut spectaculaire.

"*Au bout de quelques jours, cette tache a disparu 'MIRACULEUSEMENT'.*"

Le mot "miraculeusement" est prononcé sans détour. Pour elle, le lien de cause à effet est direct, indéniable. Mais au-delà de la guérison, l'arbre a offert à Christine quelque chose de plus profond et de plus durable : un acte de foi qui a transformé sa propre perception du monde.

"*Je ne me suis pas représentée à l'arbre tout de suite, mais j'ai toujours gardé ça dans mon cœur, dans ma tête et dans mes pensées. Quelques années après, j'ai commencé à marcher et j'ai eu l'occasion de repasser par ce chemin.*"

C'est lors de ce retour, de ces retrouvailles avec le chemin et l'arbre, que la dimension collective du lieu s'est révélée à elle. Les organisateurs de marches pédestres, soucieux de faire passer le parcours par l'arbre à loques de l'Entité de Belœil, témoignent d'une autre forme d'attachement: celle des promeneurs, des amoureux de la nature et de l'histoire, qui voient dans ce lieu un havre de paix, une curiosité cocasse et un sujet photographié.

Mais pour Christine, la signification est plus profonde, plus personnelle :

"*Pour moi, cet arbre m'a permis, de manière personnelle, depuis 23 ans maintenant, de garder la foi, de garder l'espoir. Il m'a beaucoup aidée, m'aide et m'aidera encore.*"

Photo de Christine où l'on peut voir la tache sur le visage de son bébé

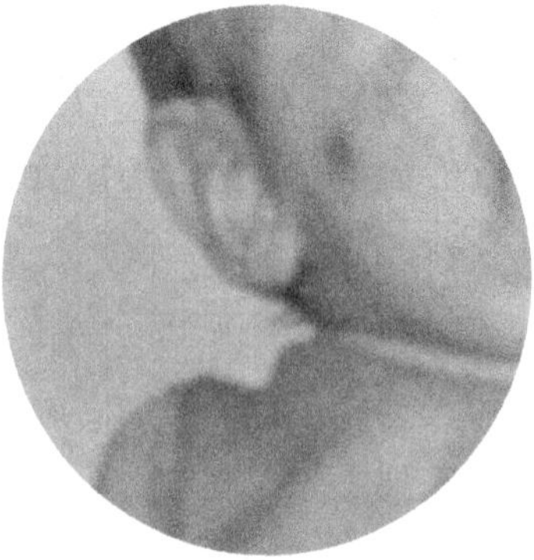

Son témoignage se mue en un plaidoyer vibrant pour la reconnaissance et la protection de ce patrimoine :

"*Il est primordial et impératif de garder cet endroit, ce patrimoine, en tant que lieu classé. La nature est sans défense, mais elle a le droit d'avoir ses droits face à la bêtise humaine. Ce lieu est majestueux. Il est la noblesse de l'âme, le signe de paix intérieure pour les croyants, marcheurs, promeneurs, les amoureux de l'histoire et de la nature. Mais il est aussi très important pour les habitants de Belœil. Je voulais vous faire part de mon histoire, j'espère qu'elle sera entendue.*"

Le message de Christine D. est clair : le pouvoir de l'arbre dépasse la simple guérison physique. Il est un gardien de l'espoir, un signe de paix intérieure, et un lien essentiel avec la nature et l'histoire pour toute une communauté. Son récit est une preuve irréfutable de la valeur immatérielle de ces lieux.

Témoignage de Sarah
Une vie de miracles et de foi inébranlable

Le témoignage de Sarah C. est un récit de batailles acharnées, de peur et d'espoir, où la chapelle de l'Arconpuch apparaît comme un phare constant dans la tempête. Son histoire, qui s'étend sur des décennies, est une illustration poignante de la manière dont la foi en ce lieu peut soutenir une mère face aux épreuves les plus déchirantes.

Le calvaire commence dès la naissance de sa "*petite merveille*", en 1992.

"Ma petite merveille est venue au monde le 26/8/1992. C'était un bébé qui dormait beaucoup, je devais d'ailleurs la réveiller pour la nourrir, jusqu'au jour où j'ai constaté que ses petits pieds, ses mains et ses lèvres devenaient bleus. À seulement 18 jours, un diagnostic terrifiant : des artères du cœur inversées. C'est le début d'une longue série d'épreuves, avec une opération de plus de cinq heures à Bruxelles et des séances de kinésithérapie ".

En l'an 2000, un nouveau coup du destin frappe la famille : "*Ma fille faisait des convulsions. Le diagnostic tombe : ma petite fille fait une encéphalite. Deux jours dans le coma et une semaine d'hospitalisation dans la région et puis plusieurs jours à Bruxelles.*" Là encore, des séances de kinésithérapie sont nécessaires pour aider sa fille à retrouver équilibre et fonctions cognitives.

Puis, en 2012, un événement traumatisant vient s'ajouter à la liste : "*Un chien qui s'était sauvé l'a attaquée alors que nous revenions de l'école en vélo sur le pont du canal de Stambruges. Ma fille a été gravement mordue et a dû avoir 37 points de suture et deux opérations. Si elle n'avait pas été vêtue d'un gros manteau, elle n'aurait plus eu de bras.*"

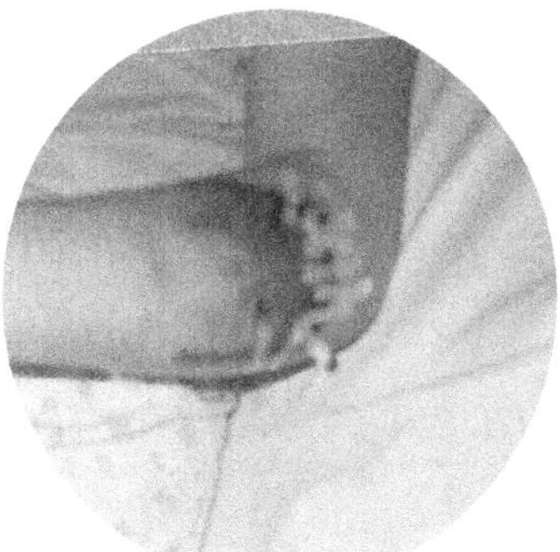

Photo du bras de la petite fille de Sarah

À chaque catastrophe, Sarah ne cherche pas seulement l'aide médicale. Elle se tourne, inlassablement, vers la chapelle et l'Arbre à Loques de la Forêt de Stambruges, y déposant des ex-voto d'une précision remarquable, directement liés à la nature du mal :

- Pour le cœur : une pastille de l'électrocardiogramme.
- Pour l'encéphalite : son maillot de pyjama.
- Pour le bras mordu : un bandage.

Ces objets, chargés d'une symbolique forte, deviennent des prières matérialisées, déposées à l'arbre tandis qu'elle prie la Vierge Marie et dépose des bougies dans la chapelle. Pour Sarah, le lien entre ces gestes de foi et le dénouement heureux de chaque épreuve est indéniable.

"Mes prières m'ont aidée face à ces situations et aujourd'hui, malgré ces événements, ma fille est une femme de 33 ans qui est épanouie, travaille et se porte bien." *LLN 157-12*

Le témoignage de Sarah ne s'arrête pas à la narration de ces "miracles". Il se prolonge dans un engagement continu et profond envers le lieu. "*Encore maintenant, je me rends souvent à la chapelle. J'y ai participé à sa rénovation, cela me tenait beaucoup à cœur et je participe aux processions 3 fois par an.*"

L'histoire de Sarah est un puissant rappel de la fonction essentielle de l'Arconpuch : un lieu de réconfort, d'espoir et de résilience face à l'adversité. Il démontre comment le culte, loin d'être une superstition désuète, est une source de force vitale qui accompagne les individus et les familles à travers les moments les plus sombres, et comment la gratitude se traduit en engagement et en transmission.

Sa fille devant la chapelle avec son bandage

Témoignage de Stéphanie : L'espoir face à l'impossible

Ce témoignage, empli de douleur et d'un espoir ardent, illustre avec force la manière dont le culte de l'arbre peut devenir un refuge quand toutes les portes semblent se fermer.
Il nous rappelle que l'arbre à loques, ou l'Arbre-aux-Puits comme l'appelait son arrière-grand-mère, est un héritage familial, une tradition transmise de génération en génération.

"*L'arbre à loques, fait partie des premières histoires, tradition, superstition racontées par mon arrière-grand-mère ainsi que par ma grand-mère lorsque j'étais petite. Qui ne voudrait pas croire en la magie d'un arbre guérisseur de maux ? Réelle magie ou superstition, un espoir en cet arbre.*" LLN 194-6

Le récit bascule ensuite dans un événement dramatique, qui va mettre cette foi à l'épreuve de la plus terrible des manières : l'accident de moto de son frère, en août 2013.

Après 38 heures d'opération, le pronostic des médecins est des plus sombres : peu de chances de se réveiller, et des séquelles physiques quasi-certaines – perte de l'usage de l'œil droit, fonctions motrices altérées suite au traumatisme crânien. Bref, "*rien de bon n'était certain*".

C'est à ce moment de détresse absolue que la tradition familiale ressurgit, comme une bouée jetée dans la tempête.

"*Il ne nous a pas fallu très longtemps pour nous retrouver devant notre très cher arbre avec le T-shirt ensanglanté de mon frère afin de le déposer sur celui-ci en lui demandant d'apporter son aide à mon frère.*"

Ce geste est d'une puissance symbolique rare. Le T-shirt ensanglanté, imprégné de la souffrance de son frère, devient un ex-voto poignant, déposé sur l'arbre comme une prière désespérée. Les jours qui suivent sont marqués par l'angoisse et l'attente. Mais au chevet de son frère, une connexion indicible s'établit.

"Cependant, lors de nos visites, nous restions persuadés qu'il nous entendait et que ses paupières réagissaient lorsque nous lui parlions... Je lui ai donc pris la main et lui ai demandé s'il m'entendait et de serrer celle-ci. Chose qui s'est produite. Un petit miracle pour nous surtout avec tout ce que nous disaient les médecins. Ce soir là, nous avons quitté l'hôpital remplis d'espoir et le cœur un peu moins lourd."

Ce moment d'espoir fragile, cette micro-réaction perçue comme un signe, renforce la foi du témoin. Et c'est alors que survient l'incroyable.

"Pour mon frère, cette nuit-là fut très mouvementée. En effet, il s'est réveillé. Nous avons reçu l'appel téléphonique le plus merveilleux de notre vie, il a arraché tous les tuyaux le reliant aux machines et voulait sortir de son lit... À tel point que pour sa santé, il a dû être attaché... Le médecin l'a surnommé le miraculé. Il ne s'est passé qu' un mois entre son accident et sa sortie du centre de rééducation.

Je précise que dans ce centre, il est rentré en marchant sur ses 2 jambes ! "

Le rétablissement est spectaculaire, à l'encontre de tous les pronostics médicaux.
Le médecin lui-même parle de "*miraculé*". Pour la famille, le lien avec l'offrande à l'arbre est indéniable, même si, avec humilité, le témoin laisse la question de la "magie" ouverte.

"*Miracle ou pas, on ne le saura jamais, mais au fond de moi, je n'ai pas besoin d'avoir de quelconque preuve. L'espoir fait vivre.*"

Cette dernière phrase est le cœur du message. Qu'il s'agisse de science, de foi, ou d'une puissance inexplicable de la nature, l'arbre a incarné l'espoir, et cet espoir a nourri la force de guérir. Ce témoignage est une preuve éclatante que, face à l'incertitude de la vie et la fragilité de la santé, l'arbre à loques de Stambruges continue d'offrir un ancrage spirituel et une raison d'espérer, une source de "magie" qui défie parfois toute explication rationnelle.

Témoignage de Véronique, 42 ans
Le lange de l'espoir

Le témoignage de Véronique est celui d'une mère poussée au-delà du scepticisme par l'amour de son enfant. Face à la détresse de son petit Léo luttant pour respirer, la médecine atteignant ses limites, c'est la sagesse ancestrale de sa grand-mère qui lui offre une ultime piste.

"*Moi, les trucs de "bonne femme", comme on dit... Mais quand vous voyez votre enfant lutter pour respirer, vous êtes prête à tout.*"

Le geste est empreint d'intimité et de désespoir. Elle ne dépose pas n'importe quel linge, mais un morceau du lange de Léo, imprégné de sa souffrance. Son acte est une supplique, non pas à un dieu lointain, mais à la puissance silencieuse de l'arbre. Elle choisit de nouer le tissu plutôt que de le clouer, signe de respect envers l'arbre, mais aussi de la délicatesse de son espoir.

"En l'accrochant à une branche basse, j'ai pleuré. Ce n'était pas une grande prière, juste une supplique de mère. "Prends son mal, je t'en prie", j'ai murmuré."

Pour Véronique, la coïncidence n'a pas d'importance. Ce qui compte, c'est le soulagement qui a suivi, ce "*moment où la roue a tourné*". Le lange n'est pas seulement un tissu ; il est le symbole tangible d'un espoir retrouvé, d'une bascule, et de l'incroyable force de l'amour maternel.

Témoignage d'Émilie, 28 ans
Le ruban du secret

Le témoignage d'Émilie nous plonge dans une douleur plus intime, celle d'un chagrin d'amour secret. La quête n'est pas pour une guérison physique, mais pour un apaisement de l'âme, un moyen de "*tourner la page*" après des mois d'obsession.

"*Personne n'est au courant de ma venue ici. Je suis venue pour un chagrin d'amour, le genre qui vous laisse vide.*"

Le rituel est discret et profondément personnel. Un ruban de soie blanche, sur lequel est inscrit le prénom de l'être aimé, devient le vecteur de son vœu. Le moment choisi, au crépuscule, souligne la nature intime de sa démarche, loin des regards.

"*En nouant le ruban, j'ai fait le vœu non pas qu'il revienne, mais que mon cœur s'apaise. Que le vent qui userait le ruban emporte avec lui mon obsession.*"

Pour Émilie, l'arbre est bien plus qu'un simple réceptacle ; il est un confident silencieux, un non-juge qui permet de déposer un secret lourd à porter. Le ruban, lentement effiloché par le temps et le vent, devient le symbole d'un deuil progressif, une aide tangible à la libération émotionnelle. L'arbre est ici un catalyseur pour le processus de guérison intérieure.

Témoignage de Jean-Pierre, 75 ans
Le mouchoir de la tradition

Jean-Pierre incarne la transmission vivante du culte, un héritier des traditions d'antan qui continue de les faire vivre par fidélité et par amour. Son histoire commence dans l'enfance, avec la guérison de ses verrues, un souvenir fondateur.

"*Ma mère m'amenait déjà ici quand j'étais gamin. J'avais des verrues plein les mains, une horreur. Elle avait frotté un mouchoir dessus et l'avait ensuite cloué à l'écorce du vieux robinier, celui qui est tombé depuis. Elle me disait : "Quand le mouchoir sera pourri, tes verrues seront parties." Et ça a marché !*"

Ce récit simple et direct met en lumière la puissance de la croyance et de la transmission orale. Aujourd'hui, Jean-Pierre ne cherche plus la guérison pour lui-même, mais perpétue le geste par attachement à ses racines, à sa famille et à un monde qui disparaît.

"*Aujourd'hui, je ne viens plus pour guérir.*
Je viens par fidélité. Je suis veuf, mes enfants sont grands. Venir ici, c'est une façon de me reconnecter à mes parents, à mon enfance."

En accrochant un vieux mouchoir en tissu et en y ajoutant parfois une petite médaille pour son petit-fils turbulent, il ne fait pas que se souvenir ; il tisse un lien entre les générations, transmettant symboliquement cette "*croyance simple de nos campagnes*". L'arbre est devenu "*l'arbre de sa famille*", un point d'ancrage dans un monde en constante mutation, prouvant que la tradition n'est pas figée, mais un fil qui se déroule à travers les âges.

Témoignage de Sofia, 34 ans
La photo de la dernière chance

Le témoignage de Sofia est d'une intensité déchirante, celui d'un couple luttant depuis cinq ans pour avoir un enfant. Face à l'épuisement dû aux traitements médicaux et aux échecs répétés, ils se tournent vers l'arbre dans un acte d'ultime espoir, une démarche qui dépasse la logique scientifique.

"*La médecine nous aide, bien sûr, les traitements, les protocoles... c'est un parcours du combattant, épuisant pour le corps et pour le moral. Il y a quelques semaines, après un nouvel échec, j'ai senti que j'avais besoin d'autre chose.*"

L'objet déposé est d'une symbolique poignante : une petite photo d'échographie, celle d'un espoir qui n'a pas abouti, mais qui incarne leur désir profond. Le geste est partagé avec son mari, une action unie dans la peine et l'espoir.

“Il a tenu le clou, et j'ai tapé avec la pierre. On a cloué notre désir, notre peine et notre espoir au cœur de cet arbre. C'est notre dernière chance, celle qu'on ne confie pas aux médecins, mais à la terre, à la nature, à ce qui nous dépasse."

Pour Sofia et son mari, l'arbre n'est pas un substitut à la médecine, mais un complément essentiel, un espace où déposer leur vulnérabilité et leur détermination inébranlable. Le rituel leur offre une force nouvelle, une capacité à "*attendre encore un peu*". Ce témoignage illustre la persistance de notre besoin de rituel face aux grandes épreuves de la vie, un besoin d'ancrer nos espoirs dans un monde plus vaste, plus ancien, et peut-être plus réceptif que la seule science.

Témoignage de Georgina
Une vie au rythme de la chapelle

Le récit de Georgina est celui d'une mémoire vivante, celui d'une femme de 80 ans qui a toujours connu l'Arconpuch. Son témoignage, simple et direct, est un concentré de l'attachement profond que les habitants portent à ce lieu qu'elle décrit comme "*très beau, très discret, très silencieux*".

Pour elle, le souvenir est indissociable des pèlerinages de son enfance, une tradition qui rythmait la vie du village.

"*Je me souviens, toute jeune, de notre passage avec nos parents, le dimanche après-midi, pour prier Notre-Dame*."

Elle confirme la double nature des prières adressées à la Vierge et à l'Arbre. D'un côté, la dévotion pour la santé des enfants, avec ce geste si particulier et de l'autre le chapelet fait à la Notre-Dame des Bois.

"*Que de parents sont venus prier pour demander et remercier Notre-Dame pour une amélioration de santé, pour une guérison d'un enfant et, venant accrocher, à l'Arbre voisin de la chapelle dit « l'Arbre à Loques », un petit vêtement, une chaussure appartenant à l'enfant.*"

Ici, une foi accompagne tous les âges de la vie et toutes les épreuves, qu'elles soient physiques ou morales.

"*Que de personnes sont venues prier*
Notre-Dame pour eux-mêmes, pour leur santé, à la veille d'une intervention, pour leurs enfants et petits-enfants, à la veille d'un examen."

Georgina rappelle que la notoriété du lieu dépasse largement les frontières du village. "*La chapelle de Notre-Dame est connue très loin*", et les grands rendez-vous spirituels, comme les chapelets du lundi de Pâques et du dimanche suivant le 15 août, continuent d'attirer des fidèles "*venant parfois de très loin*".

Enfin, sa voix se fait l'écho de ma propre démarche. Elle déplore les actes de vandalisme que la chapelle a subi, mais souligne avec espoir l'élan de solidarité qui a permis sa restauration, une œuvre portée par *une équipe de bénévoles, tenant tant à leur chapelle*. Son témoignage est un appel à poursuivre l'effort, car un grand travail reste à faire. Il est la preuve que la sauvegarde de ce patrimoine n'est pas l'affaire d'un seul homme, mais celle de toute une communauté qui se reconnaît dans ce lieu sacré.

Sur le banc devant la chapelle avec Georgina et Justine Flammia, Échevine Culture & Tourisme - © Bernard Degaute

Georgina lisant son témoignage lors de la remise du Prix Wapithéa - © Bernard Degaute

13 : L'Arbre de Noël L'héritage le plus répandu des cultes anciens

Après avoir plongé dans les rites ancestraux des arbres à loques et écouté les témoignages poignants qui résonnent encore aujourd'hui, une question demeure : ces pratiques sont-elles réellement si lointaines, si étrangères à notre monde moderne et rationalisé ? En y regardant de plus près, nous réalisons que le culte de l'arbre est peut-être plus présent que jamais dans nos vies. Il suffit de se pencher sur l'un des symboles les plus universels de nos fêtes de fin d'année : l'Arbre de Noël.

Chaque année, des millions de foyers à travers le monde érigent dans leur salon un sapin, le décorent de lumières scintillantes et de boules colorées, et y déposent des cadeaux.

Ce geste, si familier qu'il en est devenu presque anodin, est en réalité le descendant direct et le plus répandu des cultes païens que nous avons explorés.

L'Arbre de Noël est la survivance la plus visible de l'alliance millénaire entre l'homme et l'arbre.

Québec 2024

Des racines païennes au cœur de l'hiver

Pour comprendre l'Arbre de Noël, il faut remonter bien avant l'ère chrétienne, aux célébrations du solstice d'hiver. Dans les cultures celtiques, germaniques et slaves, les arbres à feuilles persistantes – sapins, épicéas, pins – étaient vénérés comme des symboles de vie éternelle. Au cœur des hivers longs et sombres, lorsque la nature semblait morte, leur verdure inaltérable représentait la promesse du renouveau, le retour de la lumière et de la fertilité. Des rites étaient accomplis autour de ces arbres pour honorer les esprits de la forêt, chasser les ténèbres et s'assurer une bonne récolte future. On les décorait parfois de fruits, de bougies ou d'objets brillants pour attirer les bonnes influences et éloigner les mauvais esprits.

La christianisation d'un symbole

Lorsque le christianisme s'est répandu en Europe, il a souvent intégré et transformé les traditions païennes existantes pour faciliter la conversion.

Ainsi, la célébration de la naissance du Christ a été fixée autour du solstice d'hiver et l'arbre païen s'est vu attribuer une nouvelle signification.

Le sapin est devenu le "porte-lumière" qui annonçait la venue du Christ, la "Lumière du monde". Les décorations ont pris une symbolique chrétienne :

- **L'arbre vert :** symbole de vie éternelle et de l'arbre de vie biblique.

- **Les lumières** : représentant la lumière du Christ éclairant le monde.

- **Les boules et guirlandes** : évoquant les fruits du Paradis ou l'abondance divine.

- **L'étoile au sommet** : symbolisant l'étoile de Bethléem qui guida les Rois Mages.

Pourtant, sous cette nouvelle parure chrétienne, la signification profonde du culte de l'arbre persistait : celle d'un point d'ancrage, d'un vecteur d'espoir et de rassemblement au moment le plus sombre de l'année.

Mon rêve de gosse - New York 2024

L'Arbre de Noël et l'Arbre à Loques : deux gestes, une même quête

En apparence, il semble y avoir un abîme entre un sapin décoré de boules et un chêne chargé de loques. Pourtant, les points de convergence sont frappants, révélant une quête humaine universelle.

- **Un arbre comme centre du rituel**

Dans les deux cas, l'arbre est au cœur d'une pratique rituelle. Il n'est pas un simple objet, mais un acteur, un réceptacle de nos émotions, de nos espoirs et de nos intentions.

- **Les offrandes et les vœux**

Les décorations de Noël sont, à leur manière, des offrandes pour le foyer, des vœux de bonheur et d'abondance matérialisés par des présents. Le pied de l'arbre est le lieu où l'on dépose des cadeaux attendus, des "vœux" exaucés. De même, les loques et les clous sont des offrandes, des symboles de vœux de guérison ou d'apaisement.

- **La lumière et l'espoir**

L'Arbre de Noël scintille de lumières, symbole d'espoir et de joie. L'Arbre à Loques, dans sa rusticité, est aussi porteur d'une lumière : celle de l'espoir des pèlerins, des bougies allumées à la chapelle voisine, du renouveau espéré.

- **Le rassemblement familial**

L'Arbre de Noël est le point de convergence des familles, un lieu de réunion et de partage. L'Arbre à Loques, souvent situé à l'écart, est aussi un lieu de rassemblement, qu'il soit celui d'une famille en quête de guérison ou celui des bénévoles qui en prennent soin.

- **La force de la transmission**

Comme les pèlerins des Arbres à Loques transmettent les rituels de génération en génération, la tradition de l'Arbre de Noël est un héritage précieux, partagé avec les enfants, perpétuant ainsi un lien avec des racines très anciennes.

L'Arbre de Noël est donc bien plus qu'une simple décoration festive. Il est une preuve tangible et joyeuse que l'alliance entre l'homme et l'arbre, ce besoin fondamental de se connecter à la force du végétal pour y déposer nos espoirs et nos craintes, est une constante immuable de la nature humaine, évoluant mais jamais éteinte.

Montréal 2024

14: Rituels modernes du transfert

Les cadenas d'amour

Que font les amoureux qui accrochent un cadenas gravé à leurs noms sur un pont avant de jeter la clé dans le fleuve ?
Ils accomplissent le même rituel que les pèlerins de Stambruges. Ils matérialisent un vœu immatériel (l'amour éternel) en un objet physique (le cadenas), le "liant" à une structure solide et durable (le pont), et scellent le pacte par un acte de lâcher-prise (jeter la clé). Non loin de notre chêne à loques de Stambruges existe depuis peu un hêtre à cadenas.

Les mémoriaux spontanés

Après un drame collectif ou un accident, des autels improvisés apparaissent. On y dépose des fleurs, des bougies, des peluches, des messages. C'est une manière de donner une forme tangible au deuil, de créer un lieu de recueillement commun et de transférer la douleur collective dans un espace partagé.

Les murs de vœux :
Du Mur des Lamentations à Jérusalem, où l'on glisse des prières dans les fissures, aux murs de post-it colorés qui fleurissent dans nos villes pour exprimer des espoirs intimes, le principe est le même : écrire son vœu, c'est l'extraire de soi ; le déposer dans un lieu partagé, c'est lui donner de la force.

Ces rituels modernes, souvent laïques, nous montrent que notre besoin de gestes symboliques pour traverser les grandes émotions de la vie (l'amour, le deuil, l'espoir) est intact. L'Arbre à Loques de Stambruges n'est pas un vestige folklorique. Il est l'ancêtre vivant de ces pratiques, le témoin que, hier comme aujourd'hui, nous cherchons dans le monde matériel un ancrage pour nos esprits.

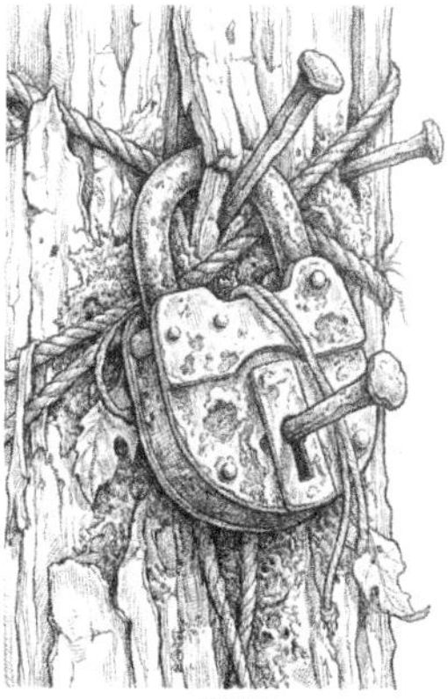

Hêtre à cadenas à Stambruges - Lionel Croes

Point d'étape de l'enquête :
L'éternel besoin de se lier

L'analyse des rituels modernes a prouvé la persistance de notre besoin humain de confier nos émotions et nos vœux. Des loques ancestrales aux cadenas d'amour contemporains, le geste de "lier" et de "transférer" reste fondamental.
J'ai compris que ces pratiques, qu'elles soient sacrées ou profanes, répondent à une même quête de sens, de contrôle et de connexion. L'arbre à loques de Stambruges est le témoin vivant que nous cherchons toujours des ancrages matériels pour nos esprits. Mon enquête se conclut ici, avec la certitude que l'alliance entre l'homme et l'arbre est plus que jamais d'actualité.

15 :
Voix du passé et du présent

Un lieu sacré n'existe pas seulement par ses pierres et ses arbres ; il vit à travers les voix, les gestes et les espoirs de ceux qui le fréquentent. Pour comprendre l'âme de Stambruges, il faut tendre l'oreille et écouter les échos du passé se mêler aux murmures du présent. Les archives des folkloristes du début du XXè siècle et les témoignages que l'on peut encore recueillir aujourd'hui nous racontent la même histoire : celle d'une foi intime, tenace, et profondément humaine.

Le flux de pèlerins n'est pas qu'une impression. En 2021, pour faciliter l'accès au site, j'ai enregistré "l'Arbre à Loques de Stambruges" sur Google Maps. Le résultat est sans appel : les statistiques me montrent qu'en moyenne, une centaine de demandes d'itinéraire sont lancées chaque mois.
Des dizaines de personnes, chaque semaine, cherchent et trouvent ce lieu.

Cette ferveur persistante amène inévitablement la question que tant de journalistes et de visiteurs m'ont posée :

"Et vous, le gardien, croyez-vous au pouvoir de guérison de l'arbre ?"

Ma réponse n'est pas un simple "oui" ou "non". Elle est plus complexe, à la croisée de l'intime, de l'anthropologie et de la science.

Ma réponse, la voici. Elle se déploie à travers les **sept pouvoirs de l'arbre** que j'ai explorés au cours de mon enquête. Car pour savoir si l'on croit, il faut d'abord chercher à comprendre.

Partie III :
Les 7 pouvoirs de l'Arbre

Mon voyage au cœur du bocage de Stambruges, le murmure des légendes collectées auprès des Campenaires et les témoignages émouvants de ceux qui ont confié leurs peines à l'arbre m'ont confronté à une question fondamentale, vertigineuse même : qu'est-ce qui confère à ces géants silencieux, ancrés dans la terre et tendus vers le ciel, un tel pouvoir sur notre imaginaire, notre âme et, plus troublant encore, sur notre corps physique ? Est-ce le fruit d'une pure superstition, une relique folklorique que le rationalisme moderne devrait reléguer aux oubliettes ? Ou bien existe-t-il une vérité plus profonde, une science que nos ancêtres avaient intuitivement comprise, et que nous, avec nos outils d'analyse sophistiqués, commençons tout juste à redécouvrir ?

Les chapitres précédents ont ancré notre démarche dans une réalité historique palpable et une émotion humaine universelle. Ils nous ont montré que le culte des arbres fétiches n'est pas une anecdote locale, mais une manifestation intemporelle d'un besoin humain universel, traversant les âges et les cultures, comme en témoignent les "Clootie Wells" d'Écosse ou les arbres à prières du Japon. Nous avons effleuré la psychologie du geste, ce pouvoir cathartique de nouer et de confier. Mais pour aller au-delà de la croyance populaire, pour vraiment saisir pourquoi l'arbre nous apaise, nous nourrit, nous protège, nous inspire et nous lie au temps long, il est impératif de plonger au cœur même de son être, d'interroger sa biologie, son écologie et sa mystérieuse intelligence.

C'est précisément cette quête, cette exploration des forces invisibles et intangibles de l'arbre, qui m'a inspiré l'écriture de ma saga "Le Lion Noir", dont le premier tome,
"Le Lion Noir : Les Sorcières de Stambruges", puise sa sève dans ces mêmes mystères et ces mêmes pouvoirs.

Cette troisième partie est bien plus qu'une simple description botanique ; c'est une véritable invitation à décoder les mystères de l'arbre, à percer le voile de sa complexité pour révéler ses forces cachées.

Nous allons explorer, un par un, **sept pouvoirs fondamentaux** que la science moderne, de la biochimie à l'écologie forestière, ne cesse de valider avec une précision étonnante.
Des racines les plus profondes qui s'accrochent à la terre et dialoguent avec les champignons, jusqu'aux feuilles les plus hautes qui captent l'énergie du soleil et respirent pour la planète, l'arbre se révélera comme un architecte du vivant, un régulateur essentiel de nos écosystèmes et un thérapeute silencieux, dont les bienfaits se mesurent désormais en termes de cortisol, de lymphocytes NK et de degrés Celsius.

Préparez-vous à regarder les arbres d'une manière totalement nouvelle, car derrière la simple écorce et le feuillage, derrière le tronc immobile et les branches tendues, se cache une force prodigieuse, une sagesse millénaire et une intelligence distribuée qui détient bien des clés de notre propre bien-être, de la santé de nos sols à la clarté de notre esprit.
Cette exploration n'est pas seulement un voyage de connaissance, c'est une reconnexion à une part essentielle de nous-même, une invitation à réapprendre le langage ancestral du monde vivant.

Dans le Val de Bagnes, en Suisse, la médecine des arbres, était une tradition vivace. Les anciens connaissaient les vertus curatives de chaque espèce, utilisant écorces, feuilles, bourgeons et sève pour soigner maux de tête, fièvres ou douleurs articulaires.
Plus universellement, l'idée de “l'arbre de vie” ou de “l'arbre de la connaissance” se retrouve dans toutes les mythologies, symbolisant l'abondance et la sagesse, souvent associée à des fruits ou des potions miraculeuses.

N + P + K + Ca + Mg + S + Fe + Mn + Zn+ B

Terre

16 : Le pouvoir nourricier
De la terre à la vie

Nous avons vu que l'arbre est un être social, un gardien du temps et un acteur majeur de son écosystème. Mais son pouvoir le plus fondamental, celui qui sous-tend tous les autres, est peut-être le plus discret :
le pouvoir de nourrir.
L'arbre est un alchimiste qui transforme la matière inerte en vie foisonnante, un don qui s'étend du sol forestier jusqu'à la composition de nos propres médicaments.

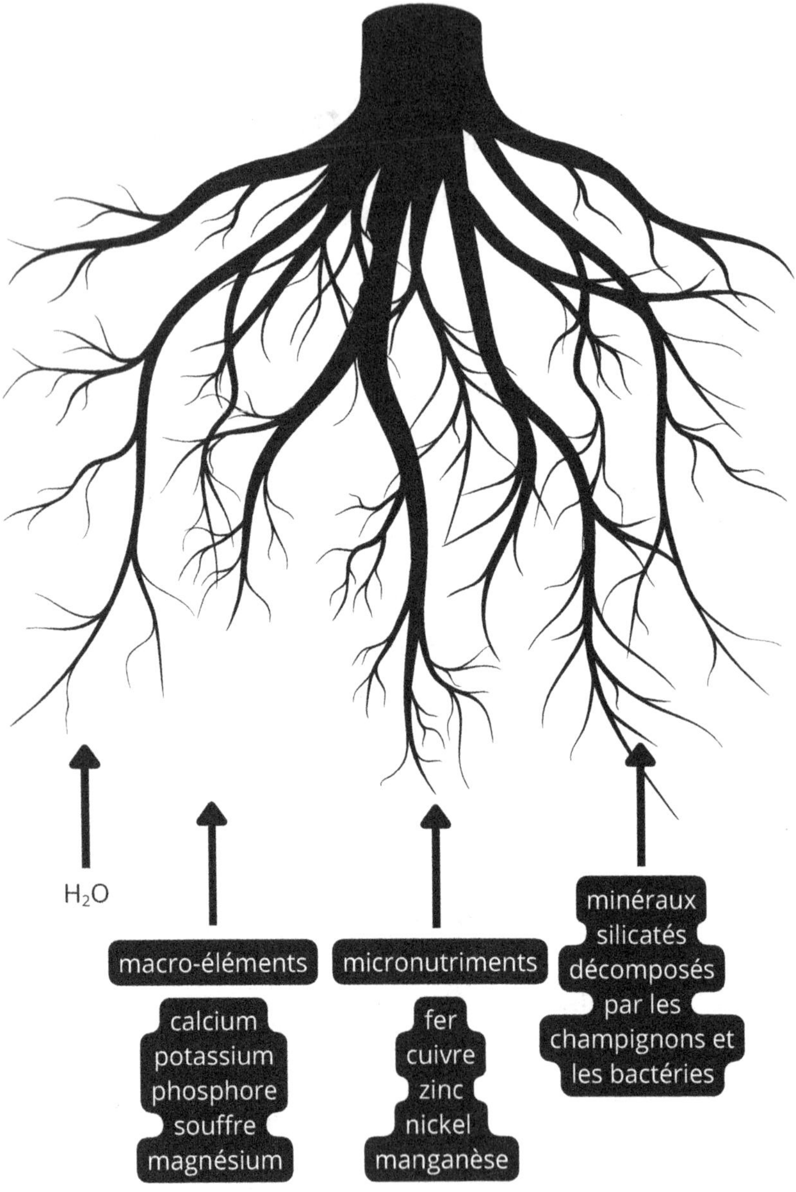
H_2O
macro-éléments
calcium
potassium
phosphore
souffre
magnésium
micronutriments
fer
cuivre
zinc
nickel
manganèse
minéraux
silicatés
décomposés
par les
champignons et
les bactéries

1. La terre vivante
Le cycle du don et l'or noir de la forêt

Chaque automne, la forêt nous offre un spectacle flamboyant avant de se délester de sa parure. Ces milliards de feuilles qui tombent ne sont pas une fin, mais une promesse. Elles forment une litière protectrice qui, en se décomposant, devient ce que les agronomes appellent "l'or noir" : l'humus, un terreau d'une fertilité incomparable. C'est le garde-manger de la forêt, et son élaboration est une œuvre collective.

Une armée de travailleurs infatigables s'active sous nos pieds :

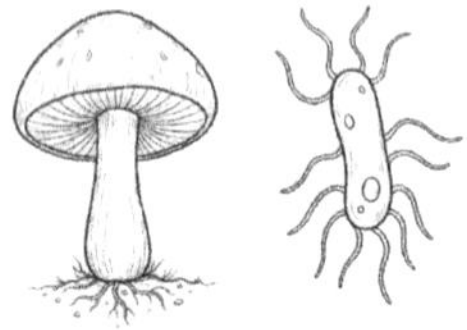

- Les **bactéries et les champignons**, grâce à leurs réseaux de mycélium, sont les premiers à décomposer la matière organique, libérant les minéraux essentiels.

- Une **microfaune** composée d'**acariens** et de **collemboles** fragmente les feuilles, les rendant plus faciles à digérer pour les autres organismes.

- Les **vers de terre**, véritables ingénieurs du sol, brassent la terre, l'aèrent et créent des galeries qui permettent à l'eau et à l'air de circuler, favorisant la vie des racines.

Cette terre vivante nourrit ensuite l'ensemble de l'écosystème. Les glands du chêne et les faines du hêtre nourrissent les sangliers, les chevreuils et les écureuils. Le bois mort, loin d'être un déchet, abrite les larves d'insectes saproxylophages, qui sont un mets de choix pour les pics. L'arbre ne garde rien pour lui ; il est au centre d'un cycle perpétuel de recyclage où la mort d'une feuille permet la naissance et le soutien d'innombrables autres vies.

2. L'arbre-médicament

La sagesse du "Garab"

Ce pouvoir nourricier ne se limite pas au sol. Depuis la nuit des temps, l'humanité a reconnu que les arbres étaient aussi une source directe de guérison pour notre corps.

Cette sagesse est profondément ancrée dans de nombreuses cultures.

Durant les quinze années où j'ai été adopté par une famille de pêcheurs au Sénégal, j'ai été frappé par la justesse de la langue wolof. Pour dire "arbre", on dit "garab". Pour dire "médicament", on dit aussi "garab". Un seul mot pour désigner les deux. Les Sénégalais, comme tant d'autres peuples, ont conservé cette connaissance fondamentale que notre monde moderne a souvent oubliée : le premier médicament de l'homme, c'est l'arbre. Notre science ne fait que redécouvrir, avec ses outils, ce que l'intuition populaire sait depuis toujours. La pharmacie la plus célèbre du monde a commencé dans une saulaie. C'est en observant les propriétés anti-inflammatoires de l'écorce de saule que des chimistes ont pu isoler l'acide salicylique pour créer l'aspirine.

Les exemples sont innombrables et couvrent tous les continents :

-L'**if commun** (Taxus baccata), souvent présent dans nos haies, produit une substance, la baccatine, utilisée dans la fabrication de puissants traitements anticancéreux, notamment **contre le cancer du sein et des ovaires.**
-Le **Ginkgo Biloba**, ce survivant de l'ère des dinosaures, est reconnu pour sa capacité à améliorer la circulation sanguine et les fonctions cognitives, en particulier la **mémoire** chez les personnes âgées.
-Le **tilleul** (Tilia), l'arbre apaisant par excellence, dont les fleurs sont utilisées en infusion pour **calmer l'anxiété et favoriser le sommeil.**
-L'**aubépine** (Crataegus), souvent appelée "la plante du cœur", dont les baies et les fleurs sont utilisées pour **réguler le rythme cardiaque et apaiser la nervosité.**
-Le **bouleau** (Betula), dont la sève, récoltée au printemps, est une boisson **détoxifiante et diurétique**, riche en minéraux.

L'arbre est une véritable usine biochimique. Pour se protéger des insectes, des champignons ou des bactéries, il produit une immense variété de molécules complexes : des tanins, des résines, des flavonoïdes, des terpènes,... Ces substances, qui constituent son système immunitaire, sont les mêmes qui, une fois ingérées ou appliquées, peuvent nous soigner.

Ce n'est pas un hasard si, dans notre quête de bien-être, nous nous tournons de plus en plus vers la phytothérapie, l'aromathérapie ou la gemmothérapie (la médecine des bourgeons). Nous ne faisons que renouer avec une sagesse ancestrale, celle du "garab". L'arbre, en se soignant lui-même, nous offre les clés de notre propre guérison.

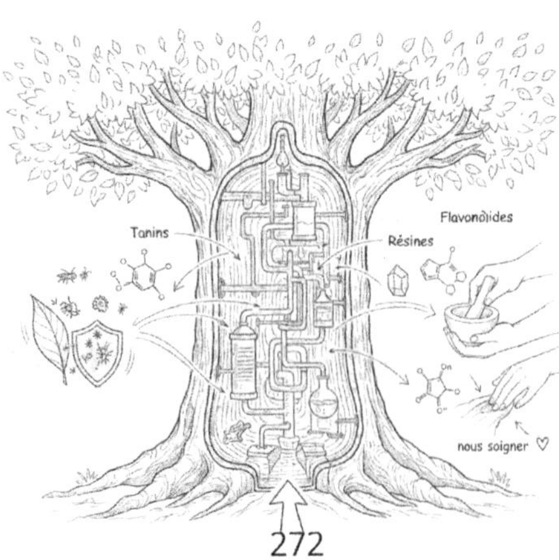

Si nos ancêtres avaient l'intuition du pouvoir guérisseur des plantes, la médecine moderne en a fait la preuve éclatante. Aujourd'hui encore, **un quart des médicaments que nous recevons sur ordonnance tire directement son origine du règne végétal.** Et ce n'est pas tout : si l'on regarde les médicaments chimiques disponibles sur le marché, près de **60 %** d'entre eux sont en réalité dérivés de substances que l'on trouve dans la nature.

L'Organisation Mondiale de la Santé elle-même reconnaît cette contribution fondamentale, puisque **11 %** des médicaments qu'elle juge "essentiels" sont exclusivement issus des plantes. La lutte contre le cancer, fléau de notre époque, doit également beaucoup aux arbres et aux plantes : la moitié des molécules utilisées pour traiter les cancers proviennent encore directement ou sont dérivées du végétal. Une preuve irréfutable que la forêt est bien notre première pharmacie.

Focus Arbre
Le généreux gardien des famines

Symbole de l'abondance, le Jacquier est un géant bienveillant, capable à lui seul de nourrir des familles entières, rappelant la générosité sans limite du règne végétal. L'**Artocarpus heterophyllus**, ou Jacquier, produit le plus gros fruit comestible du monde, pouvant atteindre 50 kg ! Un seul arbre peut produire des centaines de fruits par an, offrant une source de nourriture massive et nutritive, riche en glucides, vitamines et minéraux. ***Il est devenu un aliment de base essentiel dans de nombreuses régions tropicales, notamment en Asie du Sud-Est, et est de plus en plus reconnu pour son potentiel à lutter contre l'insécurité alimentaire mondiale***. Il a sauvé des populations entières de la famine.

Symbole de l'abondance, le Jacquier est un géant bienveillant, capable à lui seul de nourrir des familles entières, rappelant la générosité sans limite du règne végétal.
Artocarpus heterophyllus

Point d'étape de l'enquête : L'abondance discrète

En explorant le "pouvoir nourricier" de l'arbre, j'ai compris à quel point la nature est une source inépuisable de vie, bien au-delà des cultures que nous maîtrisons. Le sol forestier se révèle être un estomac géant, transformant et enrichissant. L'arbre ne fait pas que produire des fruits; il est l'architecte d'un écosystème complexe qui nourrit des milliers d'espèces, y compris, autrefois et encore aujourd'hui, l'homme. Cette générosité silencieuse est un rappel que la forêt est une réserve de vie et de subsistance, dont nous dépendons plus que nous ne l'imaginons.

Au pied de l'Arconpuch, les objets déposés étaient souvent des symboles de maladies ou de souffrances physiques. Si les pèlerins n'y cherchaient pas directement une potion, l'acte de se confier à l'arbre se faisait dans la conviction de son pouvoir de guérison.

C'est l'essence même du pouvoir de la terre : l'arbre est vu comme un dispensateur de santé, qu'elle soit matérielle (nourriture, médecine) ou spirituelle (apaisement).

L'arbre à loques est le “Garab” de Stambruges, le guérisseur silencieux.

Dans de nombreuses cultures, les forêts sont considérées comme les “châteaux d'eau” de la Terre.
Les sources qui jaillissent sous les arbres sont souvent vues comme sacrées, leur eau réputée pure et porteuse de vertus curatives.
Les bouddhistes du Laos ont pour tradition de “marier” les arbres aux sources, reconnaissant ainsi leur interdépendance vitale. Ici, à Stambruges, la chapelle de l’arbre s’appelle N-D de l’Arbre-au-Puits en référence à l’Arconpuch,
la source qui était utile aux bergers.

H_2O

Eau

17 : Le Pouvoir de l'eau Le souffle humide de la forêt

L'eau est le commencement de tout. Elle est le sang de la Terre, le fluide vital qui circule en nous et en toute chose vivante. Nul être n'a maîtrisé son cycle avec autant de sagesse et de générosité que l'arbre. De la plus profonde de ses racines à la plus haute de ses feuilles, l'arbre est une cathédrale d'eau vivante, et son pouvoir hydraulique façonne le monde qui l'entoure.

1. La fontaine intérieure
Le double flux de la vie

À l'intérieur de chaque arbre se joue un ballet incessant. L'eau et les minéraux puisés dans le sol par les racines montent vers les feuilles dans un courant ascendant : c'est la sève brute. Arrivée dans les feuilles, cette eau est transformée par la magie de la photosynthèse. Chargée des sucres produits grâce à l'énergie solaire, elle redescend alors pour nourrir chaque partie de l'arbre, du bourgeon au tronc : c'est la sève élaborée.
Ce double flux est le système circulatoire de l'arbre, une mécanique parfaite qui lui permet de grandir, de se défendre et de prospérer.

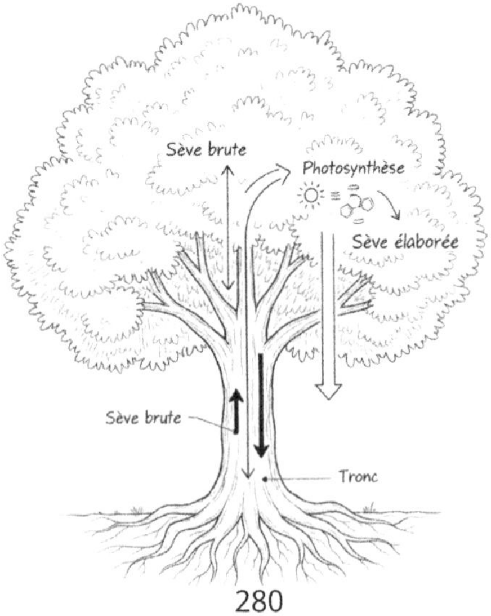

2.La forêt-éponge
Gardienne des terres et des eaux

Le pouvoir de l'arbre sur l'eau ne se limite pas à son propre corps ; il s'étend à tout son territoire. La forêt dans son ensemble agit comme une immense éponge naturelle.
Avez-vous déjà marché sur le sol d'une forêt ancienne ? Il est souple, élastique, gorgé de vie. Cette couche d'humus et de feuilles mortes, associée au réseau incroyablement dense des racines, a une capacité d'absorption phénoménale.
Lors de fortes pluies, cette éponge accomplit deux miracles.

1 - Elle prévient les inondations et l'érosion
Au lieu de ruisseler violemment en emportant la terre, l'eau est freinée, captée, et s'infiltre doucement dans le sol. La forêt recharge ainsi les nappes phréatiques et régule le débit des rivières, nous protégeant des crues dévastatrices.

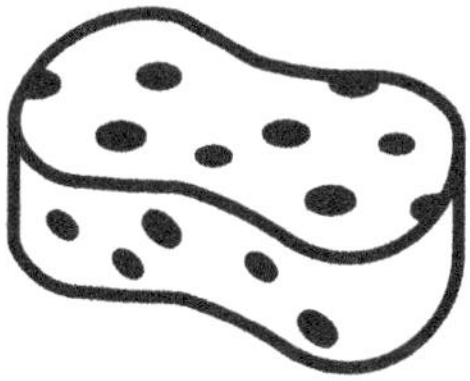

2 - Elle purifie l'eau

En s'infiltrant, l'eau traverse un filtre naturel d'une efficacité redoutable. Le sol forestier et les micro-organismes qui y vivent piègent et dégradent de nombreux polluants, comme les nitrates ou les pesticides issus de l'agriculture.

La forêt est la plus grande station d'épuration naturelle.

Environ les trois quarts de l'eau potable disponible dans le monde proviennent de bassins versants forestiers.

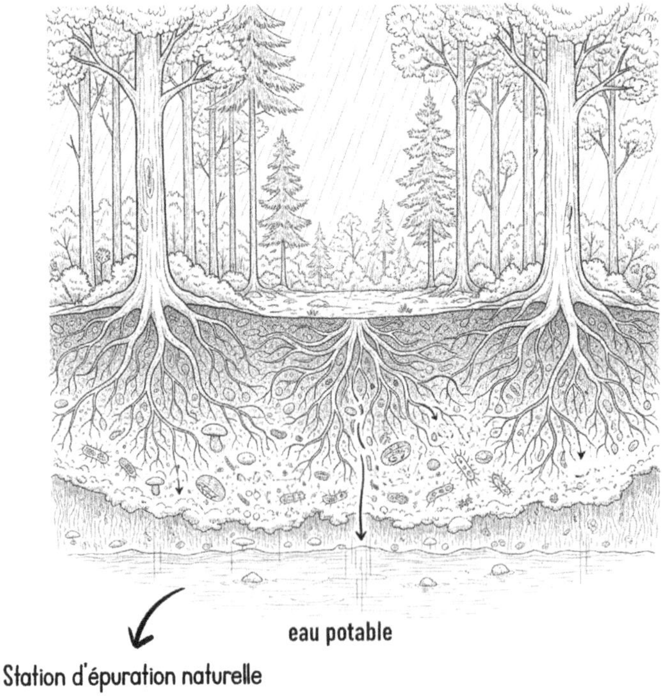

3.Le climatiseur naturel
Le souffle frais de la forêt

Avez-vous déjà remarqué, lors des canicules étouffantes de l'été, cette sensation de soulagement immédiat lorsque vous entrez en forêt ? L'air y est soudain plus frais, plus doux, plus respirable. Ce n'est pas une simple impression, c'est un phénomène physique puissant : l'**évapotranspiration.**

Pour réaliser la photosynthèse, un arbre doit ouvrir de minuscules pores sous ses feuilles, les stomates. Ce faisant, il libère d'énormes quantités de vapeur d'eau dans l'atmosphère. Ce processus, exactement comme la transpiration pour notre corps, consomme de l'énergie et donc refroidit l'air ambiant.
Un seul grand hêtre peut ainsi relâcher jusqu'à 400 litres d'eau par jour, agissant comme un climatiseur naturel de plusieurs dizaines de milliers de watts. Une forêt entière est une machine à rafraîchir le climat local, créant un microclimat tempéré qui nous protège des chaleurs extrêmes.

4.L'eau de l'arbre, l'eau de l'Homme
La sève de bouleau

Le pouvoir de l'eau de l'arbre va jusqu'à nous nourrir directement. Au sortir de l'hiver, lorsque la sève brute remonte avec force pour réveiller les bourgeons, certains arbres nous offrent un véritable élixir de vie. Le plus connu chez nous est le bouleau. Sa sève, récoltée au printemps, est une eau légèrement sucrée, transparente, chargée des minéraux et des oligo-éléments puisés dans le sol pendant l'hiver.

Traditionnellement, la sève de bouleau est utilisée comme une cure de détoxification et de revitalisation. Elle nettoie l'organisme, draine les toxines et reminéralise le corps après les carences de l'hiver. Ce savoir ancestral, qui voit dans la sève de l'arbre une boisson purifiante, est une autre facette de cette connexion profonde qui nous lie à la forêt. En buvant l'eau de l'arbre, nous absorbons un peu de sa force tranquille et de sa capacité à renaître à chaque printemps.

Ainsi, de la filtration de nos nappes phréatiques à la fraîcheur de l'air que nous respirons, en passant par les remèdes qu'elle nous offre, l'eau maîtrisée par l'arbre est l'un de ses dons les plus précieux.

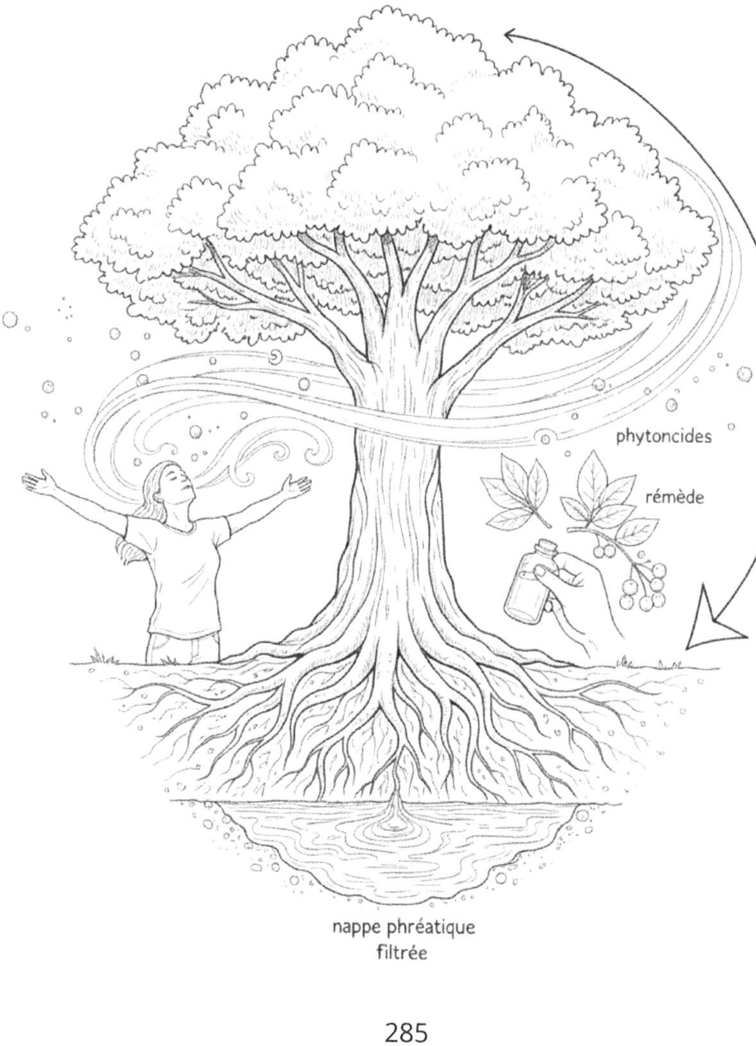

Focus Arbre :
La tour d'eau vivante

Géant assoiffé et pourtant source de vie, l'Eucalyptus déplace des volumes d'eau stupéfiants, orchestrant le cycle hydrique de régions entières avec une force inouïe. L'**Eucalyptus globulus**, ou Eucalyptus commun, est un champion incontesté de l'évapotranspiration. Bien que controversé dans certains écosystèmes pour sa consommation d'eau, ***un seul arbre adulte peut pomper et relâcher dans l'atmosphère des centaines, voire plus d'un millier de litres d'eau par jour***. C'est pourquoi il est historiquement planté pour assécher les zones marécageuses, mais aussi pour son rôle crucial dans le cycle des pluies et la régulation hydrique.

Géant assoiffé et pourtant source de vie, l'Eucalyptus déplace des volumes d'eau stupéfiants, orchestrant le cycle hydrique de régions entières avec une force inouïe.
Eucalyptus globulus

Point d'étape de l'enquête :
Le grand architecte hydrique

Ce chapitre a mis en lumière le rôle essentiel de l'arbre dans le cycle de l'eau. Il est non seulement un puits qui pompe et filtre l'eau, mais aussi une tour vivante qui la redistribue dans l'atmosphère, influençant les climats et les précipitations. J'ai compris que l'arbre gère l'eau avec une intelligence fascinante, depuis ses racines jusqu'aux "fleuves du ciel" qu'il alimente. Ce lien vital avec l'eau, si souvent sous-estimé, renforce l'idée que la présence de la chapelle près d'un puits ancestral n'est pas un hasard.

Le lien entre l'eau et l'Arconpuch, bien que moins direct qu'avec la chapelle elle-même (souvent liée à une source), est implicite.
Se confier à l'arbre, c'était aussi se confier au cycle de vie qu'il incarne, un cycle où l'eau purifie, irrigue, renouvelle. Dans certaines régions, on devait d'abord tremper le tissu malade dans une source réputée magique, avant de l'accrocher à l'arbre, combinant ainsi les vertus purificatrices et vitales des deux éléments.
L'eau et l'arbre, partenaires immémoriaux, œuvrent ensemble pour la vitalité du monde, et peut-être des âmes qui se confiaient à eux.

Depuis des millénaires, l'homme a perçu l'arbre comme le "poumon de la Terre". Les anciens Celtes croyaient que le souffle des arbres portait les murmures des esprits et insufflait la vie dans le monde. Dans de nombreuses traditions, les arbres sacrés étaient des lieux où l'on venait prendre une grande bouffée d'air pur pour chasser les maux, souvent sans savoir à quel point cette intuition était juste. Mais comment est produit l'oxygène ? Simplement grâce à l'énergie solaire.

$$6CO_2 + 6H_2O + \text{Énergie lumineuse} \rightarrow C_6H_{12}O_6 + 6O_2$$

Soleil

18 : Le pouvoir du soleil
Le don de l'oxygène

Prenez une grande inspiration. Sentez l'air remplir vos poumons, apporter la vie à chacune de vos cellules. C'est le geste le plus simple, le plus fondamental de notre existence, un réflexe que nous accomplissons plus de vingt mille fois par jour sans même y penser. Pourtant, chaque bouffée d'air que nous prenons est un cadeau. Un don précieux, offert par le monde végétal, et plus particulièrement par les arbres. Ce don est le "déchet" d'un processus miraculeux qui se déroule en silence dans chaque feuille : la photosynthèse rendue possible grâce à l'énergie du soleil.

O_2
CO_2
H_2O

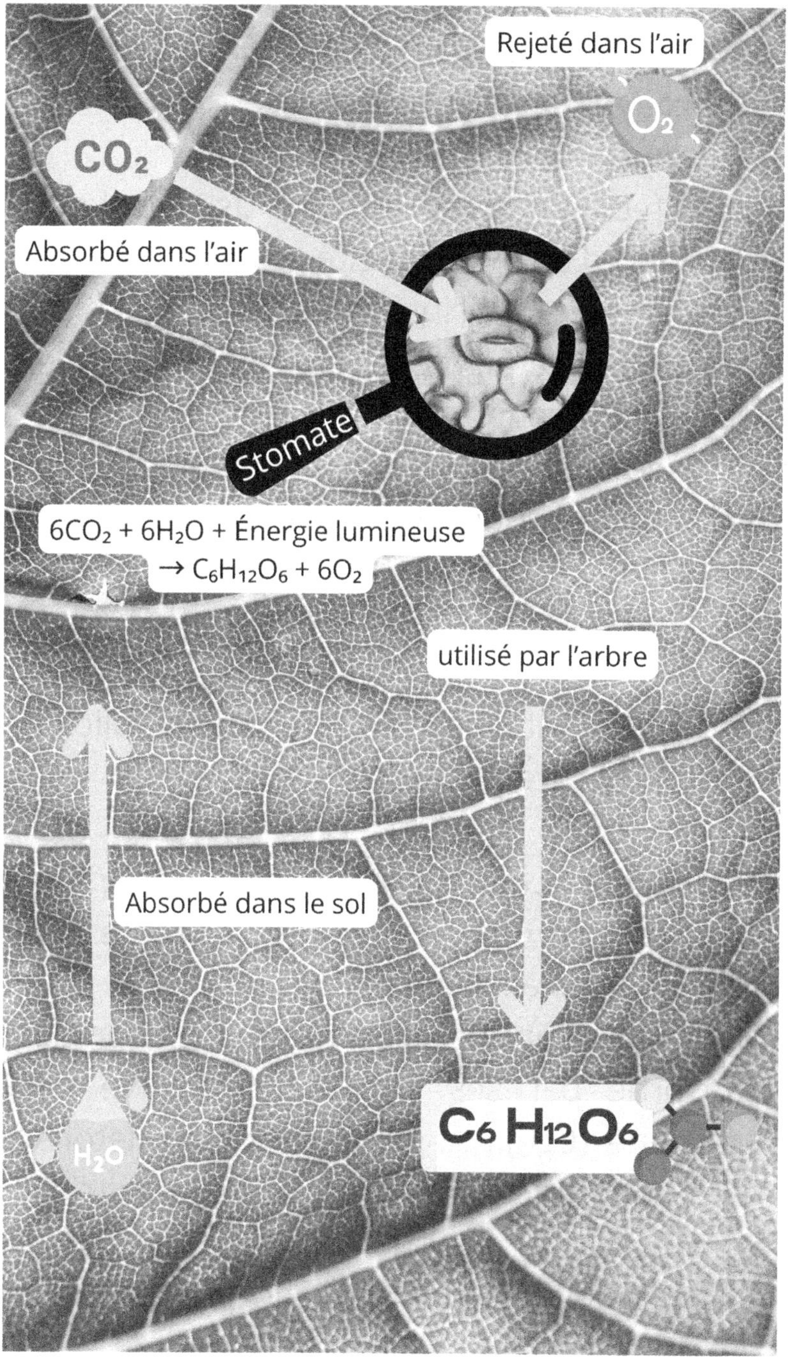
Rejeté dans l'air
O_2
CO_2
Absorbé dans l'air
Stomate
$6CO_2 + 6H_2O$ + Énergie lumineuse
$\rightarrow C_6H_{12}O_6 + 6O_2$
utilisé par l'arbre
Absorbé dans le sol
H_2O
$C_6H_{12}O_6$

1. L'alchimie du vivant
La photosynthèse dévoilée

Chaque feuille d'arbre est une usine solaire miniature d'une efficacité qui dépasse l'entendement. À l'intérieur se trouve la **chlorophylle**, ce pigment vert qui, en plus de donner sa couleur à la forêt, est capable de réaliser ce qu'aucun de nos ingénieurs n'a jamais pu reproduire à grande échelle : transformer la lumière du soleil en matière vivante.

Le processus est une recette d'une simplicité et d'une élégance divines :

- **L'énergie :** La lumière du soleil est captée par la chlorophylle, qui agit comme un panneau solaire biologique.
- **Les matières premières** : L'arbre absorbe par ses feuilles le dioxyde de carbone (CO_2), ce gaz que nous rejetons en expirant et que nos industries produisent en abondance.
  Simultanément, il puise l'eau (H_2O) du sol par ses racines.

- **La transformation** : Grâce à l'énergie solaire, la chlorophylle casse les molécules d'eau et de dioxyde de carbone.
  Elle réorganise ensuite leurs atomes pour fabriquer des sucres (du glucose).
  Ces sucres sont la nourriture de l'arbre, son carburant, l'énergie qui lui permet de construire son bois, de faire pousser ses bourgeons et de se défendre contre les maladies.

- **Le don** : Mais dans cette réaction chimique, il y a un "déchet" : l'oxygène. Ce "déchet" est la condition même de notre existence. Chaque inspiration que nous prenons est le sous-produit de la croissance silencieuse d'un arbre. Un seul hêtre mature produit en une journée assez d'oxygène pour les besoins de dix personnes.

2. Le poumon vert
La forêt comme filtre géant

Le don de l'arbre ne s'arrête pas à la production d'oxygène. La forêt tout entière agit comme un immense purificateur d'air.
La surface totale des feuilles d'un hectare de forêt est colossale, pouvant atteindre jusqu'à 12 hectares. Ces milliards de feuilles, souvent légèrement humides ou cireuses, sont des pièges redoutables pour les impuretés de l'air.

- **La filtration des particules** : les arbres capturent la poussière, le pollen, la suie et de nombreux polluants industriels en suspension. Un arbre en bonne santé peut filtrer jusqu'à 7 000 particules de poussière par litre d'air. Un arbre urbain, exposé à un environnement plus pollué, peut même assimiler 5 à 10 fois plus de CO_2 qu'un arbre rural.

- **L'aérosol forestier :** l'air de la forêt n'est pas juste "plus propre", il a une composition unique.
  Les phytoncides jouent ici un rôle crucial. Les forêts de conifères, par exemple, libèrent des substances qui réduisent considérablement la quantité de germes et de bactéries dans l'air, créant une atmosphère d'une pureté exceptionnelle, particulièrement bénéfique pour les personnes souffrant d'allergies ou de problèmes respiratoires.

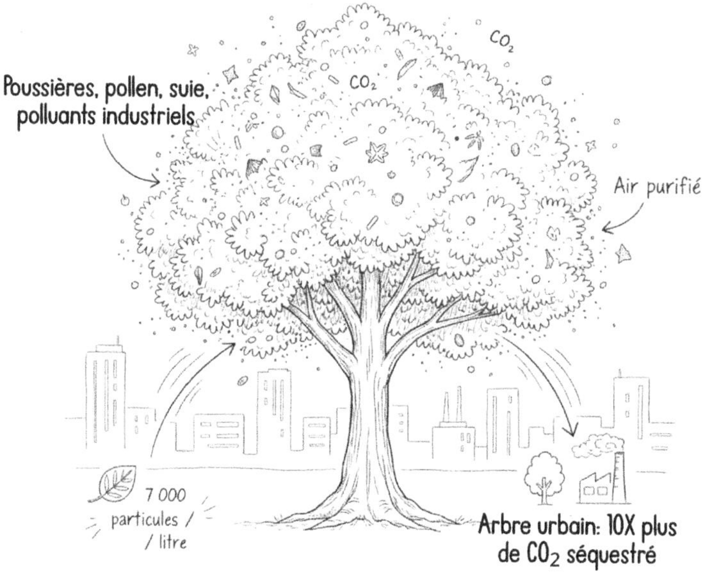

3. Le rythme du souffle
Jour et nuit, un équilibre parfait

Une idée reçue voudrait que les arbres soient dangereux la nuit car ils "volent" notre oxygène. Il est vrai que la nuit, en l'absence de lumière, la photosynthèse s'arrête. L'arbre, comme nous, respire. Il consomme une petite quantité d'oxygène et rejette du dioxyde de carbone pour utiliser l'énergie stockée durant la journée.

Cependant, il faut remettre les choses en perspective. La quantité d'oxygène qu'un arbre produit durant la journée est immensément supérieure (environ dix fois plus) à celle qu'il consomme la nuit. Sur un cycle de 24 heures, le bilan est donc massivement positif en faveur de la production d'oxygène. La forêt est et reste la plus grande productrice de l'air dont nous dépendons pour vivre.

4. Une symbiose respiratoire

Son pouvoir de création d'oxygène est peut-être le plus direct et le plus vital des dons de l'arbre. Il nous lie à lui dans une symbiose parfaite et invisible. Notre expiration, chargée de dioxyde de carbone inutile pour nous, est son inspiration, la matière première de sa croissance. Le surplus d'oxygène qu'il expire est la condition même de notre souffle.

Chaque promenade en forêt est donc bien plus qu'une simple balade. C'est un échange, un rappel humble et puissant de notre interdépendance fondamentale avec le monde végétal. C'est une occasion de remercier, par chaque inspiration, ces géants silencieux qui fabriquent l'air qui nous permet de vivre, de penser, de parler, et de nous émerveiller de leur sagesse.

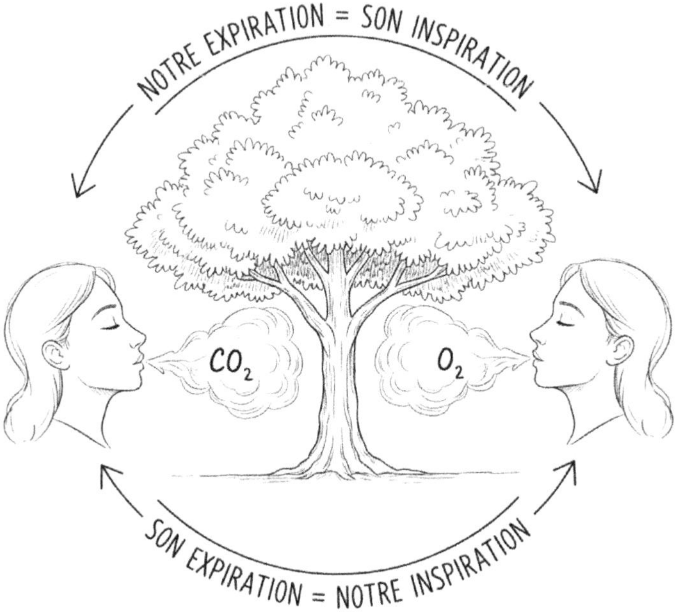
NOTRE EXPIRATION = SON INSPIRATION
CO2
O2
SON EXPIRATION = NOTRE INSPIRATION

Focus Arbre :
Le maître de la capture solaire

Dressé vers le ciel, le Peuplier est un ingénieur solaire hors pair, convertissant l'énergie lumineuse en matière vivante avec une efficacité et une rapidité qui forcent l'admiration. Le **Peuplier (genre Populus)**, et en particulier certaines de ses variétés hybrides, est connu pour sa croissance extrêmement rapide et son exceptionnelle efficacité photosynthétique. Ses feuilles larges et nombreuses sont des capteurs solaires remarquables, ***le rendant intensément étudiés pour la production de biomasse et sa capacité à convertir l'énergie solaire en matière organique à une vitesse impressionnante***.

Dressé vers le ciel, le Peuplier est un ingénieur solaire hors pair, convertissant l'énergie lumineuse en matière vivante avec une efficacité et une rapidité qui forcent l'admiration.
Peuplier

Point d'étape de l'enquête : L'invisible essentiel

Ce chapitre m'a fait prendre conscience de l'action silencieuse et vitale de l'arbre sur l'air que nous respirons. L'arbre n'est pas qu'un décor ; il est une usine vivante, transformant le dioxyde de carbone en oxygène, filtrant les particules fines et diffusant des molécules bienfaisantes. Ce "pouvoir du soleil" nous rappelle que chaque inspiration est un lien direct avec le règne végétal. La pureté de l'air à Stambruges, comme partout en forêt, n'est pas un hasard, mais le fruit d'un travail acharné et invisible des arbres.

Lorsque les pèlerins venaient à l'arbre fétiche, respirant profondément l'air de la forêt autour du chêne, ils cherchaient, consciemment ou non, cette pureté vitale.
Le simple fait d'être là, d'échanger son souffle avec cet arbre, était peut-être une première étape vers la guérison, un acte d'alignement avec la source même de la vie.

Confier ses maux à l'arbre-poumon, c’est aussi confier ses poumons à l'arbre.

Au Japon, la pratique du “Shinrin-yoku”
ou “bain de forêt” est une prescription
médicale reconnue.
C'est l'art de s'immerger dans
l'atmosphère de la forêt pour apaiser
l'esprit et le corps.
Cette intuition d'une connexion
profonde entre le bien-être humain et
la forêt est universelle :
on cherche instinctivement le calme
sous les arbres,
la paix dans les sous-bois,
le réconfort dans leur présence

Air

19 : Le pouvoir de l'air
L'aromathérapie forestière

Il est des sensations qui ne s'expliquent pas, elles se vivent. Pénétrez dans une forêt de pins après une averse d'été. L'air est vif, pur, chargé d'une odeur résineuse qui semble nettoyer les poumons et clarifier l'esprit. Cette expérience, que nous avons tous vécue intuitivement, n'est pas seulement poétique. C'est le résultat d'un puissant phénomène biologique, une forme d'aromathérapie naturelle offerte par les arbres, dont les bienfaits sur notre corps et notre esprit sont aujourd'hui scientifiquement prouvés.

Le son apaisant du vent dans les feuilles, l'odeur de la terre et des résines, la lumière filtrée par la canopée, tout concourt à un état de relaxation profonde.

Pour l'homme, la sylvothérapie est une réponse naturelle aux maux de la vie moderne : stress, anxiété, dépression, fatigue chronique. Elle améliore notre humeur, notre concentration, notre créativité.

Pour la planète, la reconnaissance de ce pouvoir renforce l'argument pour la préservation des forêts, non seulement pour leurs services écologiques, mais aussi pour leur rôle essentiel dans notre santé publique et notre bien-être mental.

1.Les phytoncides
Le langage parfumé de la forêt

Ce que nous percevons comme "l'odeur de la forêt" est en réalité un cocktail complexe de molécules organiques volatiles que les arbres libèrent dans l'air. On les appelle les phytoncides. Loin d'être un simple parfum, ces émissions sont le système immunitaire et le langage de la forêt. Les arbres les produisent pour se protéger des bactéries, des champignons et des insectes nuisibles.

Mais ce langage chimique est aussi un outil de communication sophistiqué.
Un arbre attaqué par des chenilles peut libérer des phéromones spécifiques qui attirent des prédateurs bénéfiques, comme des guêpes parasites, pour venir à sa rescousse. Il peut également avertir ses voisins d'un danger imminent par voie aérienne, leur permettant de préparer leurs propres défenses.

Chaque essence d'arbre possède sa propre signature olfactive, créant des "atmosphères" uniques : l'odeur piquante du pin n'est pas la même que le parfum plus doux d'une hêtraie.

Lorsque nous nous promenons en forêt, nous nous immergeons littéralement dans ce dialogue moléculaire. Nous ne faisons pas que respirer de l'oxygène ; nous inhalons ces composés actifs, et notre corps y réagit profondément.

2.La forêt-médecin
Ce que la science confirme

Des chercheurs, notamment le Dr. Qing Li au Japon, ont mené des études pour quantifier les effets d'une immersion en forêt sur la physiologie humaine. Leurs découvertes sont spectaculaires et valident ce que beaucoup ressentent.

- Une **arme anti-stress** : L'exposition à l'air de la forêt a un effet direct sur notre système nerveux. Des analyses ont montré une **baisse significative du taux de cortisol**, la principale hormone du stress, dans la salive des marcheurs. L'inhalation des phytoncides active **le nerf vague**, le grand régulateur de notre système nerveux parasympathique, celui qui nous fait passer en mode "repos et digestion". En conséquence, la pression artérielle baisse, le rythme cardiaque ralentit, et un sentiment de calme nous envahit.

- **Un stimulant pour le système immunitaire** : L'un des résultats les plus extraordinaires est l'effet sur nos défenses naturelles. Des études ont révélé que le nombre et l'activité des **cellules "tueuses naturelles"** (lymphocytes NK) , nos soldats d'élite qui luttent contre les infections virales et les cellules tumorales, augmentent de plus de 50% après un séjour de trois jours en forêt.
  Plus incroyable encore, cet effet bénéfique peut durer jusqu'à trente jours. La forêt ne fait pas que nous apaiser, elle nous rend plus forts.
- **Un baume pour l'esprit** : Les bienfaits ne sont pas que physiques. Le contact avec la nature diminue les symptômes de l'anxiété, de la colère et de la fatigue.
  Des études ont aussi montré qu'une simple marche en forêt améliore les fonctions cognitives comme la **concentration** et la mémoire, tout en réduisant la rumination mentale (ces pensées négatives qui tournent en boucle), un symptôme clé de la dépression.

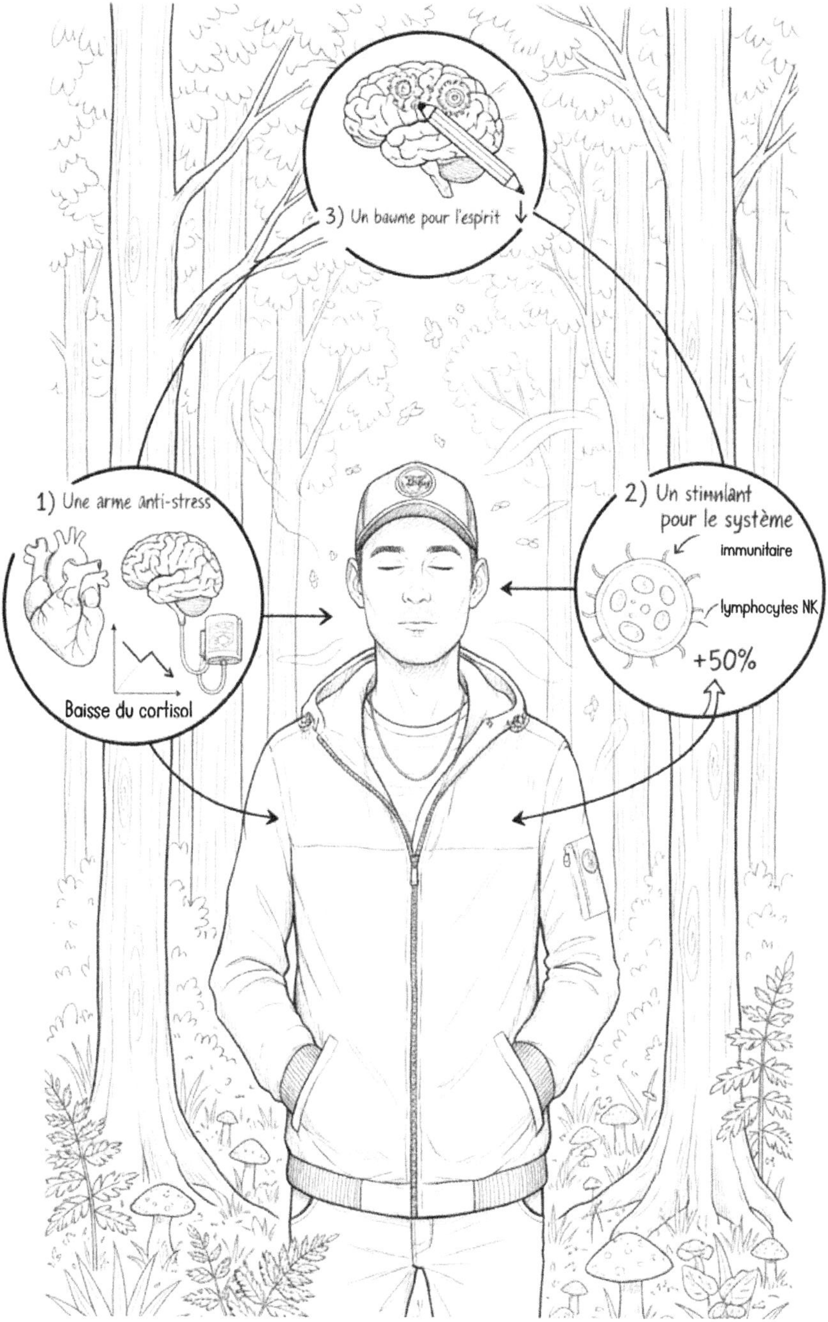
3) Un baume pour l'esprit
1) Une arme anti-stress
Baisse du cortisol
2) Un stimnlant pour le système
immunitaire
lymphocytes NK
+50%

3.Le shinrin-yoku
L'art de se plonger dans la forêt

Forts de ces découvertes, les Japonais ont formalisé une pratique de santé préventive dans les années 1980, en réponse au stress et au surmenage de la vie urbaine :
le **Shinrin-yoku**, ou "bain de forêt".
L'objectif n'est pas de faire du sport ni d'atteindre un sommet, mais de s'immerger lentement et consciemment dans l'atmosphère forestière en mobilisant ses **cinq sens.**

La pratique est simple :

- **Marcher lentement**, sans but précis.
- **Écouter** le bruissement des feuilles, le chant d'un oiseau, le silence.
- **Regarder** les jeux de lumière, les textures des écorces, le vert des feuilles.
- **Sentir** l'odeur de l'humus, de la sève, de l'air humide.
- **Toucher** la mousse, le bois, la fraîcheur d'une feuille.

Marcher lentenent, sans but précis
Écouter
Regarder
Toucher
Marcher
Sentir

C'est une invitation à laisser son téléphone et ses soucis de côté pour se reconnecter au rythme apaisant du vivant , une réponse directe au "technostress" qui sature nos vies modernes.

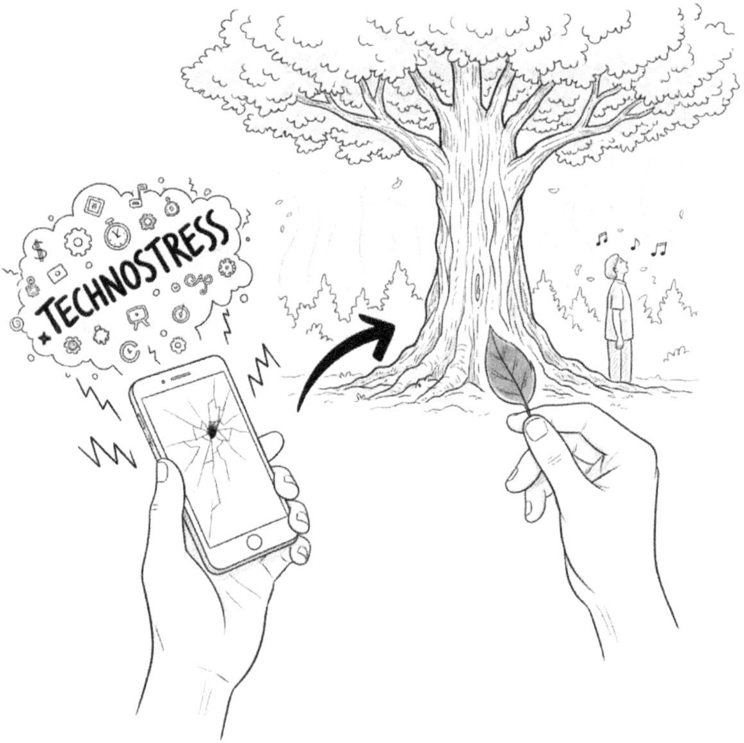

Retour à Stambruges
La guérison intuitive

Cette compréhension scientifique du pouvoir apaisant de la forêt jette une lumière nouvelle sur les rites de Stambruges. Les pèlerins qui, depuis des siècles, viennent confier leurs maux à l'arbre guérisseur, ne font-ils pas, sans le savoir, une forme de Shinrin-yoku ?
Leur démarche n'est pas seulement un acte de foi spirituelle. C'est aussi une **expérience physique et sensorielle complète** : il faut marcher pour atteindre le lieu isolé, respirer l'air pur du bois, se tenir en silence au pied d'un géant végétal. Ils venaient chercher un miracle auprès d'un symbole, mais peut-être recevaient-ils aussi, inconsciemment, les bienfaits physiologiques de l'atmosphère forestière.
Le pouvoir apaisant de l'arbre est la preuve que la science et la tradition ne s'opposent pas ; elles sont deux langages différents pour décrire la même vérité profonde : la forêt est une alliée pour notre santé, un remède pour notre corps et notre esprit.

Focus Arbre : L'empereur de l'oxygène

Si la forêt est le poumon de la planète, le Paulownia en est le cœur battant, pompant l'oxygène à un rythme effréné pour purifier notre atmosphère. Le **Paulownia tomentosa**, également connu sous le nom de Paulownia Impérial ou Arbre Princesse, est souvent cité comme l'un des champions mondiaux de la production d'oxygène et de l'absorption de CO_2. Sa croissance est incroyablement rapide, et ses très grandes feuilles lui confèrent une capacité de photosynthèse hors norme. ***Il est capable d'absorber jusqu'à 10 fois plus de CO_2 et de produire 4 à 5 fois plus d'oxygène qu'un arbre feuillu classique de même taille, le rendant un allié précieux dans la lutte contre la pollution atmosphérique.***

Si la forêt est le poumon de la planète, le Paulownia en
est le cœur battant, pompant l'oxygène
à un rythme effréné pour purifier notre atmosphère.
Paulownia tomentosa

Point d'étape de l'enquête :
Cette découverte change notre regard sur le pèlerinage à Stambruges. Le processus de "guérison" ou d'apaisement ne commence pas au moment où l'on touche l'arbre ou quand on accroche le tissu. Il commence dès l'instant où l'on pénètre dans la forêt.
Le pèlerin qui s'approche du chêne est littéralement immergé dans un aérosol médicamenteux.
Sans le savoir, à chaque respiration, nous inhalons la force vitale de l'arbre.
Le "pouvoir de l'air" n'est pas une vue de l'esprit : c'est une chimie subtile qui prépare le corps et l'esprit à déposer leur fardeau. L'arbre ne se contente pas d'écouter la prière;
il commence par soigner
le pèlerin avec son propre souffle.
Vous savez désormais comment l'arbre purifie notre air. La forêt ne fait pas qu'inspirer, elle expire aussi.
Partez à Stambruges visiter le lieu où l'eau respire dans la forêt.

Les contes de fées sont peuplés de forêts profondes où les héros trouvent refuge et protection.
Dans la Bible, l'arche de Noé, construite avec le bois de Gopher, est l'ultime abri face au déluge.
Les arbres ont toujours symbolisé la force inébranlable, les protecteurs sûr contre les tempêtes de la vie et de la nature, qu'ils soient de simples boucliers contre le soleil ou des bastions contre les éléments déchaînés.

20 : Le pouvoir protecteur Le gardien des terres

Nous avons exploré les dons subtils de l'arbre : il nourrit, il purifie l'air, il apaise notre esprit. Mais son pouvoir le plus spectaculaire est sans doute celui qu'il exerce sur le paysage.

Face aux fureurs du ciel, pluies torrentielles, vents violents ou sécheresses implacables, la forêt ne subit pas ; elle agit.

Elle est un bouclier, une éponge, une forteresse.

L'arbre est le grand gardien de la stabilité du monde, un rôle qui s'étend bien au-delà des éléments, jusqu'à la protection de la vie animale.

1. La forêt-refuge
Un hôtel pour la vie sauvage

Ce pouvoir protecteur s'incarne de la manière la plus visible comme refuge.
Chaque arbre est un véritable projet de logement communautaire, un gratte-ciel de biodiversité où chaque étage, chaque recoin, propose un abri adapté à une multitude d'espèces.

En offrant le gîte et le couvert, l'arbre devient le pilier central de la communauté animale. Chaque partie de son être, des racines au feuillage, vivant ou mort, est un havre de paix qui permet à la biodiversité de s'épanouir.

Pour vraiment saisir l'ampleur de ce rôle protecteur, il faut parfois s'arrêter sur les chiffres. Un seul chêne mature, comme ceux qui veillent sur nos campagnes, n'est pas qu'un simple abri ; c'est une métropole grouillante de vie.

- Les cavités, des appartements très convoités :

Tout commence souvent avec le travail patient du pic-vert. En creusant une cavité dans un tronc, il n'aménage pas seulement son propre nid ; il devient, sans le savoir, un promoteur immobilier pour toute la forêt. Une fois qu'il a quitté les lieux, sa loge est immédiatement convoitée par une longue liste de "locataires" secondaires : les mésanges, les sittelles, les chouettes, et surtout les chauves-souris. Ces dernières, comme les murins de Bechstein, utilisent plusieurs cavités qu'elles changent fréquemment pour éviter l'accumulation de parasites, une stratégie de survie rendue possible par le travail initial des pics.

- L'écorce, un monde en soi :

L'écorce d'un arbre n'est pas une surface lisse. C'est un paysage miniature fait de crevasses, de fissures et de replis recouverts de mousse et de lichen. C'est un habitat de choix pour des milliers d'insectes, d'araignées et de larves, qui y trouvent protection contre les prédateurs et les intempéries.

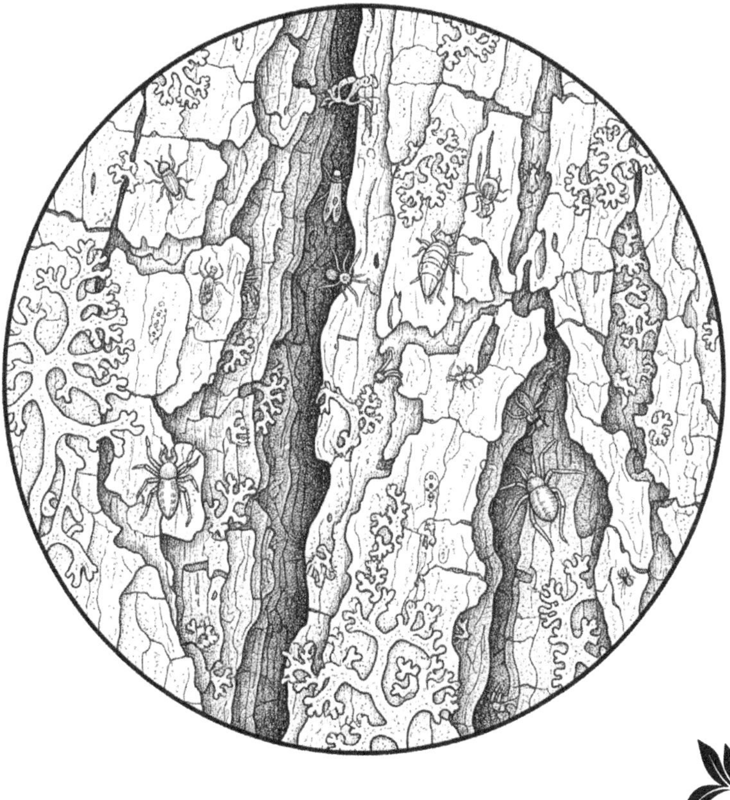

- Le bois mort, une seconde vie :

Un arbre ne cesse pas d'être un protecteur après sa mort. Au contraire ! Un tronc mort, encore debout ou couché au sol, devient une véritable arche de Noé. Il se transforme en un habitat et une source de nourriture pour un cinquième de toutes les espèces animales et végétales de la forêt.

Des champignons décomposeurs aux larves de coléoptères rares, en passant par les salamandres qui trouvent refuge sous son humidité, le bois mort est une étape essentielle du cycle de la vie forestière, un berceau pour les générations futures.

Même le robinier faux acacia tombé en 2009
continue d'abriter la vie

2. Le bouclier vert

Au-delà de son rôle d'abri, l'arbre protège aussi par son action sur l'environnement.
Les forêts ne sont pas seulement les gardiennes de notre eau potable, elles agissent également comme des brise-vents naturels, protègent les sols de l'érosion et, en montagne, stabilisent le manteau neigeux, prévenant ainsi les avalanches.

Le pouvoir protecteur de l'arbre est un rappel de son rôle fondamental d'architecte du paysage. Il n'est pas un simple habitant de la Terre, il en est le bâtisseur et le gardien.
En retenant la terre, en purifiant l'eau, en tempérant le climat et en abritant la vie, il crée les conditions mêmes de la fertilité et de la résilience de notre monde.

Une sagesse que nos ancêtres, qui plantaient des arbres pour marquer les limites de leurs champs ou protéger leurs villages, avaient sans doute comprise bien avant nous.
La valeur d'un arbre mature en ville est inestimable.

L'arbre protège les terres par sa simple présence physique, agissant comme un bouclier contre les agressions climatiques.

- **Un rempart contre le vent**
  Les haies et les bosquets servent de brise-vent, protégeant les cultures du dessèchement et du verse, tout en offrant un refuge à la faune.

- **Un abri contre le bruit**
  En milieu urbain ou près des grands axes, les arbres agissent comme de véritables écrans phoniques. Leur feuillage, leurs branches et leurs troncs absorbent et diffractent les ondes sonores, créant des havres de paix et de silence.

- **Un gardien contre les avalanches**
  En montagne, les forêts de pente sont le meilleur rempart contre les glissements de terrain et les avalanches, leurs racines retenant le sol et le manteau neigeux avec une force extraordinaire.

Focus Arbre :
Le rempart des tempêtes

Ancré dans la roche et défiant les bourrasques , le **Chêne vert (Quercus ilex)** est le symbole de la résilience, un rempart vivant contre la fureur des éléments, les vents violents, les tempêtes et les embruns marins. Sa structure dense, ses feuilles coriaces et persistantes, et son enracinement puissant lui permettent de résister là où d'autres arbres ploient.

Il forme des forêts compactes qui agissent comme de véritables brise-vents naturels, protégeant les terres agricoles et les côtes des assauts éoliens.

Ancré dans la roche et défiant les bourrasques,
le Chêne vert est le symbole de la résilience,
un rempart vivant contre la fureur des éléments.
Quercus ilex

Focus Arbre :
Le titan de la biodiversité

Un seul Chêne pédonculé est un monde en soi abritant plus de vies que bien des villages humains, un véritable titan protecteur.
Le **Chêne pédonculé (Quercus robur)** est l'emblème de ce pouvoir.
Des études en Angleterre ont révélé qu'un seul chêne mature peut abriter jusqu'à 2300 espèces différentes, un chiffre vertigineux qui dépasse la population de nombreux villages, y compris Stambruges.
Il soutient une incroyable diversité d'insectes, de champignons, de lichens, d'oiseaux et de mammifères, faisant de lui un pilier indispensable des écosystèmes.

Un seul Chêne pédonculé = un véritable titan protecteur.
Quercus robur

Point d'étape de l'enquête :
La maison du vivant

Le "pouvoir protecteur" de l'arbre est colossal. J'ai réalisé qu'un seul chêne est une métropole grouillante de vie, un écosystème en soi, abritant une biodiversité stupéfiante. Plus qu'un abri, c'est un véritable gardien des terres, stabilisant les sols, filtrant les pollutions et offrant un refuge indispensable à d'innombrables espèces. La forêt n'est pas qu'un ensemble d'arbres ; c'est une communauté où chaque élément protège l'autre, et où l'arbre est le pilier central de cette solidarité.

Les arbres à loques incarnent cette protection. Les pèlerins viennent y chercher un abri, non pas physique contre la pluie ou le vent, mais psychologique et spirituel.
Confier ses peurs, ses vulnérabilités à cet arbre, c'est se placer sous sa “protection” symbolique, dans l'espoir qu'il absorbe le mal et offre un bouclier invisible contre l'adversité.

L'arbre comme protecteur de l'âme, tout comme il l'est pour la nature entière.

Le “grand arbre-mère”
des légendes amérindiennes,
reliant tous les êtres vivants,
ou l'arbre sacré des Aborigènes
d'Australie, siège des esprits ancêtres,
témoignent d'une perception
ancestrale de l'intelligence et de la
connexion du monde végétal.
On a longtemps cru que cette vision
était purement mystique,
mais les découvertes récentes nous
invitent à reconsidérer
la “sagesse” des forêts.

21 : Le pouvoir de l'esprit L'intelligence silencieuse

Un arbre peut-il penser ? A-t-il une mémoire ? Ressent-il quelque chose ? Ces questions, longtemps reléguées au domaine de la poésie ou de l'anthropomorphisme, trouvent aujourd'hui des réponses stupéfiantes grâce à la science. Si l'arbre n'a pas de cerveau au sens où nous l'entendons, il possède une forme d'intelligence qui lui est propre : une intelligence décentralisée, collective et profondément connectée à son environnement.
C'est le pouvoir de l'esprit, une sagesse silencieuse qui se déploie sous nos pieds, dans les airs et au cœur même du bois.

1. Un langage complexe
Comment les arbres "parlent"

La forêt n'est jamais silencieuse. Au-delà des bruits du vent et des animaux, un dialogue chimique constant a lieu entre les arbres, un langage que nous commençons à peine à déchiffrer.

- **Par les airs : L'alerte des acacias**

L'exemple le plus célèbre nous vient de la savane africaine. Lorsque les girafes commencent à brouter les feuilles d'un acacia, l'arbre ne subit pas passivement.
En quelques minutes, il se met à produire des toxines dans ses feuilles pour les rendre amères et indigestes. Mais plus fascinant encore, il émet dans l'air un gaz d'alerte, l'éthylène. Ce message odorant, porté par le vent, est capté par les autres acacias alentour qui, bien que n'étant pas encore attaqués, se mettent immédiatement à produire leurs propres toxines.

Les girafes, qui connaissent cette ruse, se déplacent alors face au vent pour trouver des arbres qui n'ont pas encore reçu le message. C'est la preuve d'une communication aérienne, rapide et efficace.

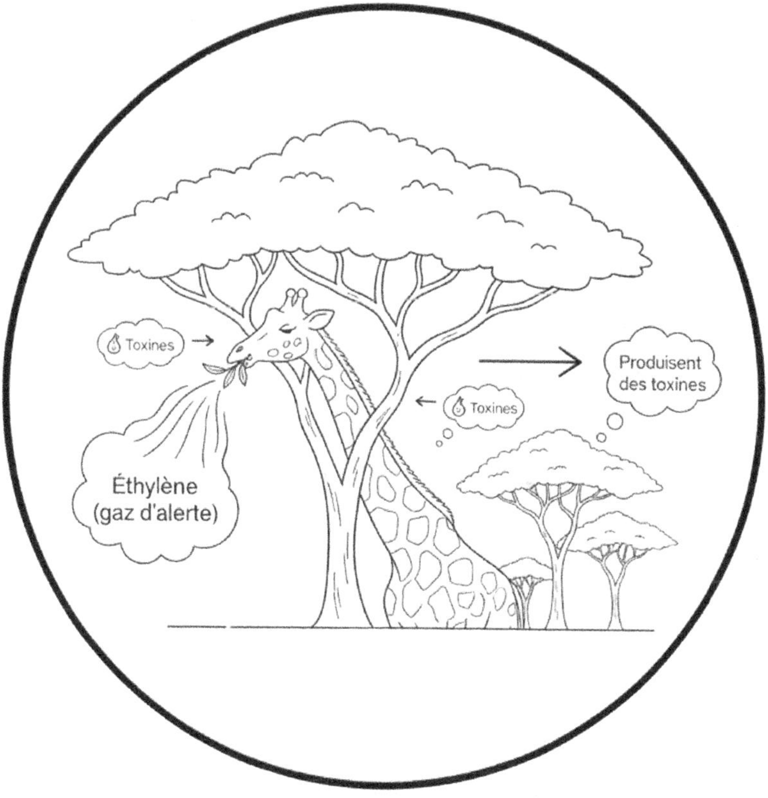

- **Par le sol : La bourse d'échange du "Wood Wide Web"**

Le réseau souterrain de champignons, le "Wood Wide Web", est bien plus qu'un simple canal d'information. C'est une véritable bourse d'échange. Les arbres partagent des informations vitales sur les attaques de parasites ou les conditions de sécheresse et ils échangent des ressources. Un arbre baigné de soleil qui produit un surplus de sucre peut en céder à un voisin plus ombragé, qui en retour, via le champignon, lui fournira

peut-être un nutriment rare qu'il a puisé en profondeur. C'est une économie de l'entraide, un système social complexe qui assure la résilience de toute la communauté.

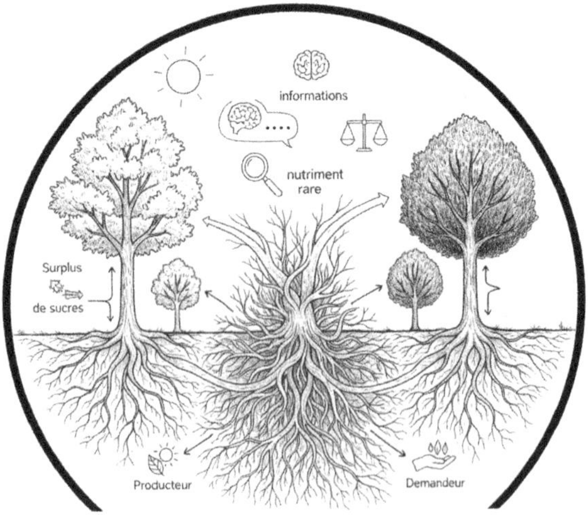

- **Un sens du goût et de l'ouïe ?**

Les recherches ont montré que les arbres peuvent "goûter" la salive des insectes qui les grignotent, leur permettant d'identifier l'agresseur et d'adapter leur réponse chimique. D'autres études, encore plus troublantes, suggèrent une forme d'audition. Des scientifiques ont observé que les racines des jeunes plants peuvent émettre des "clics" à une fréquence de 220 hertz. Plus étonnant, les racines des plants voisins semblent s'orienter vers la source de ces sons.
Les arbres s'écouteraient-ils pousser ?

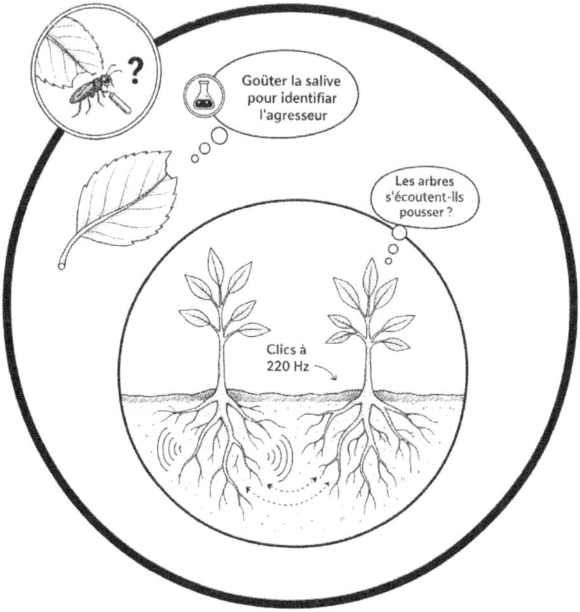

2. La mémoire des racines
Comment les arbres apprennent ?

L'intelligence implique la capacité d'apprendre et de se souvenir.
La science nous montre que les arbres en sont capables.
Un arbre qui a survécu à une grande sécheresse adaptera son comportement les années suivantes, devenant plus économe en eau, ayant "retenu la leçon".

La Dr. Monica Gagliano a mené une expérience célèbre avec des plants de mimosa (une plante très réactive). Elle les a fait tomber à plusieurs reprises d'une petite hauteur. Les premières fois, les plants repliaient leurs feuilles par réflexe de défense. Mais après plusieurs chutes sans conséquence, ils ont "compris" qu'il n'y avait pas de danger et ont cessé de réagir.
Ils avaient appris. Plus fort encore, ils se "souvenaient" de cette leçon plusieurs semaines plus tard.

Où se situe cette mémoire chez un arbre ? De plus en plus de scientifiques pensent que le "cerveau" de l'arbre se trouve dans ses **racines.** Les extrémités des racines, les apex, sont des centres de traitement de l'information extraordinairement complexes, fonctionnant en réseau. Elles sentent la gravité, l'humidité, les obstacles et les nutriments, et prennent des "décisions" pour orienter leur croissance. C'est dans ce cerveau collectif et distribué que l'arbre stockerait ses expériences.

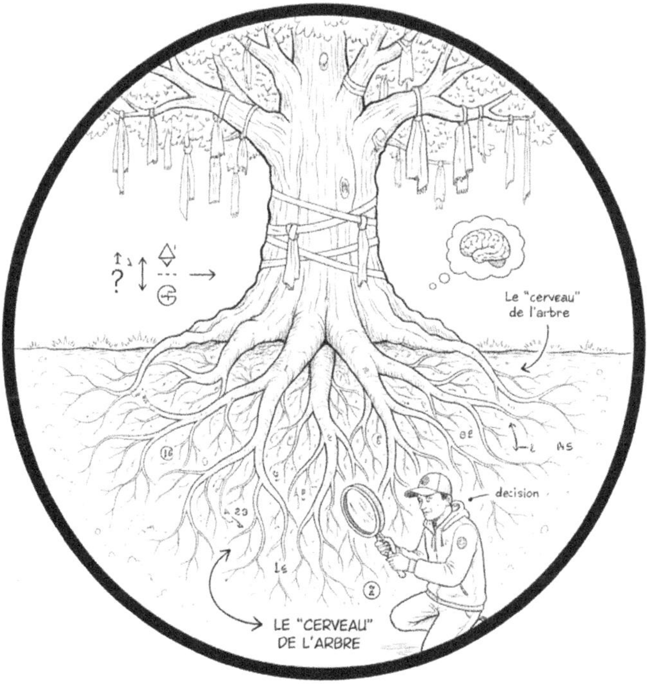

3. Un comportement social
La famille avant tout

Le pouvoir de l'esprit de l'arbre se manifeste de la manière la plus émouvante dans son comportement social, qui semble relever de l'altruisme.

- **"L'allaitement" des jeunes**
  Un "arbre-mère" est capable de reconnaître ses propres descendants.
  Non seulement il les nourrit en leur envoyant du sucre par les racines, mais il les "éduque" en les maintenant délibérément dans son ombre.
  Cette privation de lumière, qui force les jeunes à une croissance très lente, est une forme d'éducation à la dure qui leur permettra de construire un bois dense et résistant, gage de longévité.

- **Le soin des anciens et des malades**

Le forestier Peter Wohlleben raconte sa propre découverte d'une vieille souche de hêtre qu'il croyait morte depuis des siècles. En grattant l'écorce, il a découvert une couche verte bien vivante sous celle-ci.

Cette souche, sans feuilles et donc incapable de photosynthèse, était maintenue en vie par les hêtres voisins qui la nourrissaient via leurs racines interconnectées. C'est la preuve d'une forme de loyauté, d'un respect pour les anciens qui dépasse de loin la simple compétition pour la survie.

L'arbre ne pense donc pas avec des neurones, mais il perçoit, communique, apprend, mémorise et agit de manière sociale et coordonnée. Son esprit n'est pas logé dans un seul organe, mais distribué dans tout son être. Reconnaître le pouvoir du Wood Wide Web, c'est accepter de voir l'arbre non plus comme un objet, mais comme un sujet, un être vivant doté d'une intelligence ancienne qui nous invite à plus d'humilité et de respect.

Focus Arbre :
Le cerveau connecté des forêts

Au cœur de l'intelligence silencieuse, le Sapin de Douglas déploie un réseau invisible de solidarité, prouvant que la forêt est bien plus qu'une collection d'individus : c'est un esprit connecté, un cerveau sans cerveau qui respire et pense à l'échelle du vivant.

Le **Sapin de Douglas (Pseudotsuga menziesii),** majestueux géant des forêts tempérées, est devenu l'emblème des découvertes révolutionnaires sur l'intelligence collective des arbres. Ces conifères ne vivent pas de manière isolée ;

ils sont interconnectés par un vaste et complexe réseau souterrain de champignons mycorhiziens – le fameux "Wood Wide Web" – qui leur permet d'échanger bien plus que de simples nutriments.

Grâce à ce réseau, ils communiquent les uns avec les autres, s'alertent en cas d'attaque d'insectes, partagent des ressources vitales et même des informations. Les "arbres-mères" sapins de Douglas sont capables de reconnaître et de nourrir leurs propres semis, privilégiant ainsi la survie de leur lignée.
Ils incarnent la preuve scientifique la plus éclatante que la forêt est un organisme unique, une entité intelligente et solidaire dont nous commençons à peine à saisir la profondeur de la sagesse.

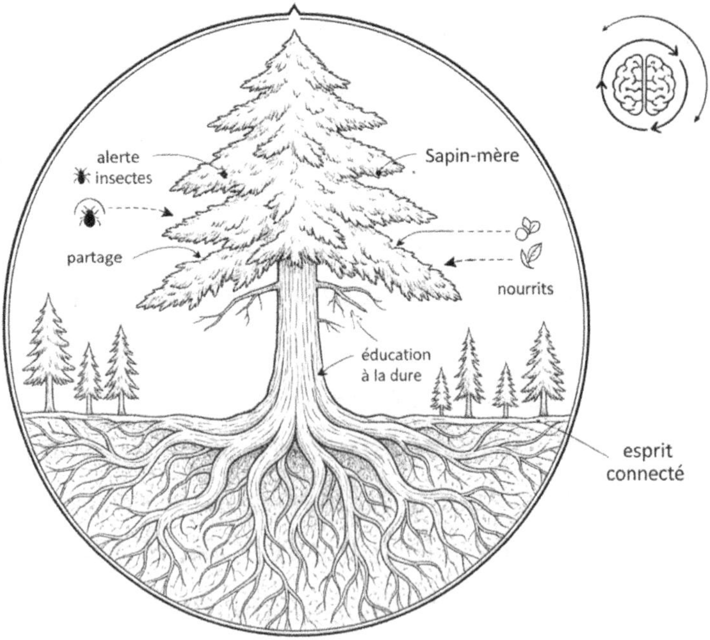

Point d'étape de l'enquête :
Le cerveau invisible de la forêt

L'exploration du "pouvoir de l'esprit" a été une des révélations les plus bouleversantes. Les arbres ne sont pas des entités solitaires; ils communiquent, s'entraident et forment un réseau d'intelligence collective insoupçonné. Le "Wood Wide Web" est une réalité scientifique qui défie notre conception du vivant. J'ai compris que la forêt est bien plus qu'une somme d'individus ; c'est un organisme intelligent, un "cerveau sans cerveau" dont la sagesse et l'interconnexion pourraient inspirer nos propres sociétés.

Temps

22 : Le pouvoir du temps La mémoire du monde

Notre vie humaine est une course effrénée. Nous mesurons notre existence en jours, en mois, en années. Le temps nous file entre les doigts, nous angoisse par sa fugacité.
L'arbre, lui, ne connaît pas cette hâte. Il est le maître du temps long, un être dont l'échelle de vie se mesure en siècles, parfois en millénaires. Son existence tranquille est une leçon de patience, mais elle est bien plus que cela. L'arbre est une archive vivante, un gardien de la mémoire du monde. C'est son septième et peut-être plus profond pouvoir : celui de nous connecter à l'éternité.

1. La chronique du bois
Ce que les cernes racontent

Chaque année qui passe, l'arbre inscrit le récit du monde dans sa propre chair. Sous son écorce, il ajoute un nouvel anneau de croissance, un **cerne**.
Loin d'être de simples cercles, ces cernes sont les pages du journal intime de l'arbre, un journal que les scientifiques appellent la **dendrochronologie**.

En apprenant à lire ce langage, nous pouvons reconstituer l'histoire avec une précision stupéfiante :

- **Un cerne large** raconte une année faste, avec de la pluie et du soleil en abondance.

- **Un cerne étroit** témoigne d'une épreuve : une sécheresse, un hiver glacial, une invasion de chenilles.

- **Une cicatrice sombre** peut révéler la trace d'un incendie de forêt qui a eu lieu il y a plusieurs siècles.

L'arbre est une archive climatique et environnementale d'une fiabilité absolue.
Il ne ment jamais. Il stocke dans son bois la mémoire physique du temps qui passe, offrant aux scientifiques une fenêtre sur le passé que nul autre être vivant ne peut fournir.

L’arbre se construit sur son passé

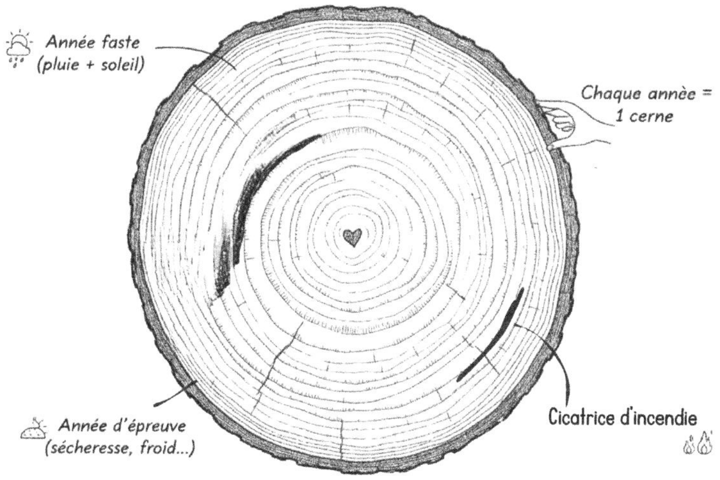

2. Le témoin silencieux : L'arbre dans notre histoire

Au-delà de sa mémoire biologique, l'arbre est le grand témoin de l'histoire humaine.
Pensez au vieux tilleul qui trône encore sur la place de nos villages. Il était déjà là lorsque nos arrière-grands-parents jouaient à ses pieds. Il a vu les guerres, les révolutions, les fêtes et les deuils. Toucher son écorce, c'est toucher la main de nos ancêtres, c'est se connecter physiquement à notre propre passé.

Les arbres-fétiches, comme ceux de Stambruges, sont des témoins encore plus poignants. Chaque loque nouée, chaque clou enfoncé, est une prière, une histoire de souffrance et d'espoir qui s'est ajoutée à la mémoire de l'arbre. Ces arbres ne sont pas seulement des êtres botaniques ; ils sont devenus des bibliothèques de l'âme humaine.

Et ce culte, loin d'être figé dans le passé, est une tradition vivante, un véritable miroir de notre société. La nature des offrandes évolue avec nos angoisses et nos technologies. Durant la pandémie de Covid-19, j'ai vu apparaître, accrochés aux branches à côté des mouchoirs et des bavoirs, des dizaines de masques chirurgicaux. Cet acte, d'une simplicité désarmante, était d'une puissance symbolique inouïe. Il montrait que face à une peur planétaire et à une maladie nouvelle, l'être humain, même au XXIè siècle, s'est tourné vers l'un de ses plus anciens réflexes : confier son mal à l'arbre, accrocher le symbole de sa souffrance à une force de la nature qui, elle, perdure.

Cette tradition n'est pas morte, elle s'adapte. Elle prouve que le besoin de ritualiser notre vulnérabilité et de chercher du réconfort dans le monde non-humain est intemporel. L'arbre-fétiche n'est pas un vestige du passé, il est un confident du présent.

3. Les racines de notre histoire : L'arbre généalogique

Existe-t-il un symbole plus universel et plus puissant pour représenter notre histoire familiale que celui de l'arbre ?
Cette métaphore, que nous utilisons tous, révèle à quel point notre conception du temps et de la lignée est calquée sur la structure de l'arbre.

- **Les racines** sont nos ancêtres.
  Invisibles mais essentielles, elles nous ancrent dans une histoire, une terre, une famille. C'est d'elles que nous tirons notre force, notre sève, notre identité.

- **Le tronc** représente le présent, notre famille ou nous-mêmes. Il est le lien solide entre le passé et l'avenir.

- **Les branches et les feuilles** sont nos descendants, l'avenir. Elles explorent de nouvelles directions mais restent toutes connectées à la même source.

L'arbre généalogique n'est pas qu'une simple image. Il est la reconnaissance intuitive que notre propre existence suit le même schéma que celui de l'arbre : nous sommes le fruit d'un passé qui nous nourrit et le germe d'un avenir qui nous prolonge.

Le pouvoir du temps, tel que l'arbre nous l'enseigne, est une invitation à ralentir.
En nous connectant à un arbre ancien, nous nous connectons à une temporalité qui nous dépasse. Nous sommes ramenés à notre juste place : un maillon dans la longue chaîne du vivant. C'est peut-être cela, la plus grande leçon de sagesse que la forêt puisse nous offrir.

Stambruges, une chronique vivante : L'arbre au fil des âges

Si les pins de Bristlecone nous enseignent le temps géologique, notre propre histoire locale nous offre une chronique tout aussi fascinante. À Stambruges, le site de l'Arconpuch et sa chapelle sont, à leur échelle, des palimpsestes du temps, des lieux où chaque couche d'histoire, chaque croyance et chaque rituel se sont superposés aux précédents. Observer ce lieu, c'est comme lire les cernes d'un arbre millénaire : chaque marque raconte une époque, chaque blessure une épreuve, chaque pousse une renaissance.

Pour saisir pleinement la profondeur du pouvoir du temps tel qu'il s'exprime à Stambruges, il est essentiel de remonter le fil des siècles. Des profondeurs de l'Antiquité, où les cultes païens structuraient le rapport de l'homme à la nature, jusqu'à nos jours, où les réseaux sociaux mobilisent les citoyens pour sauver une petite chapelle forestière. L'Arconpuch est un témoignage vivant de la persistance des croyances et de l'incroyable adaptabilité de la foi humaine.

De l'Antiquité au Moyen Âge :
Les racines païennes

- **Antiquité - Haut Moyen Âge** : Le site de Stambruges est situé à l'orée de l'immense **Forêt Charbonnière.**
  Des cultes païens et druidiques liés aux arbres, aux sources et aux forces de la nature sont pratiqués dans la région.
  La tradition orale rapporte que des arbres sacrés, notamment des chênes, étaient vénérés sur le territoire de Stambruges.

- **566 - 742** : Les conciles de l'Église (Tours, Auxerre, Leptines) tentent d'éradiquer les "vieux usages païens" et le culte des arbres, preuve de la persistance de ces rites malgré la christianisation.

- **XIVè siècle (supposé)** : Une image miraculeuse de la Vierge aurait chû sur un Tilleul à Uden (Pays-Bas), donnant naissance au culte. Bien que ce ne soit pas à Stambruges, cela illustre une tradition répandue de fusion entre le culte marial et les arbres sacrés.

Du XVIIè au XIXè siècle :
L'émergence d'un lieu de pèlerinage

- **1709** : Première mention écrite connue du lieu-dit sous le nom d'"ARCONPUS" dans les archives de Stambruges. Le nom fait alors référence à une particularité géographique "le puits sous la voûte", et non à un arbre.

- **1723** : Un plan du Bois du Carnoit levé par Plon ne mentionne pas encore de chapelle à cet emplacement, suggérant que le lieu-dit existait avant l'édifice religieux.

- **Fin du XVIIIè siècle - Début du XIXè siècle** : Le culte de la "Vierge des Bois" est déjà bien établi.
  Les "vieilles Campen'resses" (habitantes de Stambruges) viennent filer et tricoter près du site en chantant des cantiques à la Vierge. On peut donc déduire que la première chapelle a été construite à la fin du 18è siècle.

- **1850** : La carte de Vandermaelen montre un "piedsente" (sentier) menant directement de l'église Saint-Servais à l'emplacement de la chapelle, attestant de son importance comme lieu de pèlerinage.

- **1860** : La construction du canal Blaton-Ath coupe définitivement cet ancien sentier direct, isolant un peu plus le site.

- **1889** : La chapelle est restaurée et agrandie. Une correspondance de l'époque, rapportée par Gosselin, mentionne déjà la légende de la Vierge et l'existence d'une fontaine alors "retoupée" (bouchée).

XXè siècle : Le témoignage des folkloristes et la persistance du culte

- **1912** : Le folkloriste Jean Chalon publie son ouvrage *Les arbres fétiches de la Belgique*, mais, curieusement, il ne mentionne pas l'arbre de Stambruges, ce qui suggère que sa notoriété était peut-être plus locale que celle d'autres sites comme Herchies ou Gilly.

- **1933** : L'historien local Antoine Gosselin publie son étude détaillée, décrivant la coexistence des deux cultes : celui de la chapelle le jour, et celui, secret et nocturne, de l'arbre à loques. C'est la description la plus complète de la pratique à cette époque.

- **15 août 1988** : Le chapelet de l'Assomption rassemble 200 personnes sur le site.

- **16 août 1988 :** Le sol de l'ancien puits comblé s'effondre, créant un trou de plusieurs mètres. L'événement est perçu comme un miracle par les villageois, la Vierge ayant protégé les pèlerins la veille. C'est quelques jours après ma propre visite, bébé, pour mon pied bot.

- **Vers 1990 :** Une tentative de vol dans la chapelle se solde par un accident, renforçant la croyance en la protection sacrée du lieu.

XXIè siècle : La mort, la renaissance et le gardien

- **2002** : L'auteur Benoît Loodts visite le site et constate que le robinier faux-acacia, l'arbre-fétiche originel, est déjà mort, bien que toujours debout et couvert de loques.

- **2009** : Le robinier, affaibli, est déraciné par une tempête et tombe. Le culte ne s'éteint pas pour autant et se reporte spontanément sur le chêne voisin.

- **2021** : À mon retour du Sénégal, je constate l'état de délabrement de la chapelle et décide de devenir le gardien du lieu, prenant la relève de Michel et de Ghislaine Plasschaert. Début de la restauration citoyenne.

- **2021 à aujourd'hui** : Le culte connaît une nouvelle visibilité. J'enregistre le site sur Google Maps, révélant une centaine de recherches d'itinéraire par mois.

- **2025** : La mobilisation citoyenne permet de récolter les fonds nécessaires pour la réfection complète de la toiture de la chapelle, assurant la pérennité du lieu pour les générations futures.
Le culte, lui, continue.

Point d'étape de l'enquête :
Les cernes de l'histoire

Ce chapitre a révélé l'arbre comme un maître incontesté du temps.
Non seulement il mesure les siècles dans ses cernes, mais il est aussi un témoin vivant de l'histoire, un pont entre le passé et le présent.
La ligne du temps de l'Arconpuch en est une preuve éclatante : le lieu a traversé les âges, s'est transformé mais jamais éteint. Le "pouvoir du temps" nous enseigne la patience, la résilience et la continuité :
des qualités dont nous devrions nous inspirer dans cette ère de l'immédiateté.

Partie IV : Pourquoi l'homme a besoin de l'arbre ?

Après avoir voyagé dans le temps, des rites druidiques aux pratiques contemporaines, et après avoir exploré les sept pouvoirs fondamentaux qui animent le monde végétal, une question demeure :

En quoi tout cela nous concerne-t-il, nous, humains du XXIè siècle ?

La réponse est simple : en tout.

L'arbre n'est pas une entité lointaine que nous pouvons nous contenter d'admirer. Il est un partenaire essentiel, un allié dont les dons répondent directement à nos besoins les plus profonds : notre santé, la qualité de notre environnement, notre quête de sens et l'avenir même de nos enfants. Ce chapitre est un plaidoyer pour retrouver cette alliance oubliée.

Le refuge originel et le confident absolu

Si la science nous explique que la forêt apaise nos corps par sa chimie, elle ne dit pas tout de l'apaisement de l'âme. Ce que nous ressentons sous la canopée, c'est le réveil d'une mémoire archaïque, celle d'une sécurité primordiale.

La forêt fut notre premier foyer, notre garde-manger, notre abri contre les prédateurs et les éléments.
Y pénétrer, c'est, psychologiquement, retourner dans une "matrice" protectrice. C'est franchir le seuil d'un espace-temps différent, un sanctuaire laïque où les bruits futiles du monde social s'atténuent.

Dans ce sanctuaire, l'arbre joue le rôle du confident absolu. Dans une société humaine saturée de jugements, de regards, d'injonctions à la performance et à la guérison rapide, l'arbre offre une écoute inconditionnelle. Il ne juge pas la loque sale, il ne s'impatiente pas devant la prière répétée, il ne demande pas de comptes.

Il est là, massivement présent. Il accueille. C'est cette solidité impassible qui permet le transfert. Le pèlerin peut déposer son masque social en même temps que son offrande. La loque ou le clou deviennent alors la matérialisation physique d'une douleur psychique trop lourde à porter seul.

En l'accrochant à l'arbre, on délègue une part de sa souffrance à des épaules plus larges que les siennes. C'est un acte de décharge émotionnelle vital.

L'urgence de la réconciliation

Enfin, si ce culte perdure et connaît même un regain d'intérêt aujourd'hui, à travers des formes modernes comme la sylvothérapie ou la défense patrimoniale de sites comme Stambruges, c'est qu'il répond à une crise contemporaine.

Nous avons passé les derniers siècles à tenter de nous extraire de la nature, à la dominer, à la bétonner, à la désacraliser pour mieux l'exploiter.
Nous avons cru que la technologie et le confort urbain suffiraient à notre bonheur. Les crises écologiques et l'épidémie moderne d'anxiété nous prouvent le contraire.

Nous découvrons douloureusement que nous sommes des êtres hors-sol, coupés de nos racines.

Le retour vers l'arbre n'est pas une nostalgie passéiste ou une mode "new age". C'est un réflexe de survie instinctif.

C'est la reconnaissance humble que nous avons besoin du "sauvage" pour rester pleinement humains.

Protéger le Chêne à Loques de Stambruges, faire reconnaître ce patrimoine, ce n'est pas seulement sauver une vieille coutume folklorique. C'est préserver un lieu essentiel où cette réconciliation peut avoir lieu.
C'est admettre que nous ne nous sauverons pas seuls, enfermés dans nos villes.
Nous avons besoin de ces cathédrales végétales, de ces confesseurs muets, de ces intercesseurs verts.

L'alliance est nécessaire car elle est vitale.
En prenant soin de l'arbre, en reconnaissant sa puissance et sa place centrale dans notre imaginaire comme dans notre écosystème, c'est finalement nous-mêmes que nous soignons.

L'arbre de demain : notre avenir commun

Cette alliance vitale avec le monde végétal, que nous avons explorée à travers les rituels anciens et les découvertes modernes, ne doit pas rester une abstraction philosophique ni une simple affaire de grands sommets climatiques. Pour s'incarner véritablement, elle doit redescendre sur terre, s'enraciner dans le concret. Elle commence par un geste fondateur, le plus humble et le plus puissant qui soit : celui de nos mains plongeant dans la terre.

Cette leçon, je ne l'ai pas apprise dans les livres, mais sous le soleil brûlant du Sénégal, au contact des réalités du terrain avec mon association Solidarité Belgique Sénégal.

Là-bas, j'ai compris que planter un arbre fruitier dans la cour d'une famille, c'est infiniment plus qu'un acte écologique ou un quota carbone. C'est un geste de survie immédiate et de dignité future.

Manguier offert à une famille sénégalaise - Juillet 2025

C'est offrir la promesse d'un fruit sucré pour les enfants, la fraîcheur d'une ombre salvatrice où les anciens pourront se reposer, une modeste source de revenus au marché local qui permettra en partie d'envoyer les petits à l'école. C'est semer de l'autonomie là où il y avait de la dépendance. C'est un acte de solidarité humaine d'une profondeur inouïe, qui nous rappelle cette vérité aveuglante : nos destins sont liés par les racines.
Si l'arbre meurt, nous nous asséchons ; si l'arbre prospère, nous vivons.
Celui qui plante un arbre pose un acte de foi absolu en l'avenir, sachant qu'il n'en goûtera peut-être pas lui-même l'ombre. En creusant ce trou pour y déposer une jeune pousse, nous ne plantons pas seulement du bois ; nous plantons de l'espoir résilient.

Livres "Assane et Senghor:
Ensemble pour la nature offert aux enfants

Cette alliance retrouvée, qui unit la sagesse du chêne à loques de nos forêts tempérées et la promesse du manguier des terres arides, est la clé de voûte d'un monde plus sain, plus juste et plus durable.
Ce n'est pas un retour en arrière nostalgique, c'est la condition sine qua non de notre survie collective.
C'est ce chemin de réconciliation, une graine à la fois, que ce livre vous invite désormais à emprunter.

Conclusion : L'alliance retrouvée

Je suis retourné à Stambruges. Au pied de l'Arbre à Loques, le silence n'est plus le même qu'au début de mon enquête. Autrefois, il était empli de questions, de mystères. Aujourd'hui, il est rempli de réponses.
Les loques qui flottent au vent ne me parlent plus seulement de souffrance et d'espoir, mais aussi de phytoncides, de cycles de l'eau et de mémoire cellulaire.

Mon enquête, commencée avec la photo jaunie d'un bébé et une double dette de reconnaissance, celle de la vie et celle de la guérison, s'achève ici. J'étais parti sur les traces d'un rite païen, et j'ai découvert une science. J'ai cherché à comprendre la foi de mes ancêtres, et j'ai trouvé la validation de leur sagesse intuitive dans les études les plus modernes. Les sept pouvoirs de l'arbre ne sont pas des légendes ; ils sont les chapitres d'un grand livre de biologie, d'écologie et de physique.

Pourquoi se battre pour Stambruges ?

Parce que c'est un survivant. La plupart des arbres à clous de Wallonie sont aujourd'hui des témoins muets. Sur les 70 arbres recensés, il n’en reste que six où le culte perdure. Sur les autres, les rares survivants, on ne plante plus de clous. Ils sont devenus des pièces de musée.

Le chêne de l’Arconpuch et le robinier, eux, sont dans une tout autre catégorie. Ce n'est ni un fossile du passé, ni une invention moderne. C'est un Patrimoine Culturel Immatériel bien vivant qui s'adapte.

Tant qu'il y aura des peines à soulager, il y aura des loques à Stambruges.

Au-delà de ce livre, ma mission de gardien continue et se transforme. Les mystères effleurés ici m'ont donné l'envie de reprendre le chemin des études, pour faire de ce patrimoine inestimable le cœur de mes recherches doctorales.

Alors, faut-il y croire ?

La question que l'on m'a si souvent posée, "Croyez-vous au pouvoir de guérison de l'arbre ?", trouve enfin sa réponse complète.

Oui, j'y crois. Non pas à un miracle instantané et magique, mais à une succession de miracles bien réels et mesurables.

Je crois au pouvoir de l'air que l'arbre purifie et enrichit d'oxygène, à l'eau qu'il filtre et rend pure, à l'atmosphère qu'il emplit de molécules apaisantes qui calment notre système nerveux.

Je crois à la force de son écorce qui nous a donné des remèdes, à la puissance de ses racines qui protègent nos terres.

Je crois à son intelligence silencieuse et au temps long qu'il nous enseigne.

L'alliance retrouvée
Un nouveau contrat avec le vivant

Cette enquête m'a convaincu que nous sommes à l'aube d'une grande réconciliation. Après des siècles à considérer la nature comme une ressource à exploiter, nous redécouvrons que nous en faisons partie et que notre survie dépend de son équilibre. Retrouver notre alliance avec l'arbre n'est pas un retour en arrière, mais un pas essentiel vers un avenir plus sain.

Cette nouvelle alliance se tisse déjà, chaque jour.

- Dans nos pharmacies et nos hôpitaux, où l'on redécouvre la puissance de la phytothérapie et où des médecins prescrivent des "ordonnances vertes" pour lutter contre le stress et la dépression.

- Dans nos villes, où les urbanistes comprennent enfin que les arbres ne sont pas un luxe, mais une infrastructure vitale pour lutter contre les îlots de chaleur, purifier l'air et rendre nos cités plus vivables.

- Dans nos vies personnelles, lorsque nous choisissons de passer du temps en forêt plutôt que devant un écran, lorsque nous enseignons à nos enfants le nom des arbres et le respect du vivant.

Mon histoire personnelle n'est qu'un fil de cette grande tapisserie. En restaurant la chapelle de Stambruges avec l'aide de toute une communauté, en plantant des arbres au Sénégal pour offrir un avenir à des familles, j'ai modestement essayé de retisser un lien.

Ce livre est une invitation à faire de même.

La porte est ouverte

L'histoire de Stambruges est la vôtre.

C'est l'histoire universelle de notre besoin vital de racines, de connexion à un monde plus grand et plus ancien que nous. Pour ceux d'entre vous qui ont suivi le chemin des indices cachés dans ce livre, la quête s'achève physiquement ici, au pied de cet arbre trouvé grâce à la clé. Si son tronc a une forme étrange, c'est une pure beauté, comme le chiffre d'or de la nature qui révèlera son butin car le vrai trésor, vous le savez maintenant, n'est pas un objet caché dans une boîte, mais une graine de conscience plantée en vous, une invitation à devenir, à votre tour, un gardien.

Ce livre n'est donc pas une fin, mais une porte. La prochaine fois que vous croiserez un arbre, qu'il soit au cœur d'une forêt ou seul sur un trottoir en ville, je vous invite à ne plus le voir comme un simple décor. Arrêtez-vous. Posez votre main sur son écorce.
Respirez.

Le dialogue que vous avez commencé dans ces pages peut continuer, chaque jour, à chaque instant. Car la plus grande sagesse des arbres n'est pas dans les secrets qu'ils cachent, mais dans la manière dont ils nous apprennent, humblement, à retrouver notre propre nature.

Publica
Awards ERP
Prix
Wapithéa
LA QUÊTE PERSONNELLE
Fracture du crâne
3 jours de coma
Chêne à loques
Pied bot, la première
prière de ma famille.
2021
Le début
de la restauration.
ARCONPUCH,
CROYANCES
& HISTOIRES
LES 7 POUVOIRS DE L'ARBRE
SCIENCE & INTUITION
Air
Espace
Eau
O_2
Eucalyptus, la
tour d'eau
vivante.
Paulownia
Oxygène
Soleil
Un chêne =
2300 espèces
Terre:
nourriture
aide à marcher
Wood Wide Web
Le cerveau
de la forêt
Esprit
Garab :
Arbre = Médicament.
Apaisement
Temps
Shinrin-Yoku :
le bain de forêt
Sarah
Mathusalem > 4800 ans

LES RACINES DU CULTE

LES VOIX DE STAMBRUGES

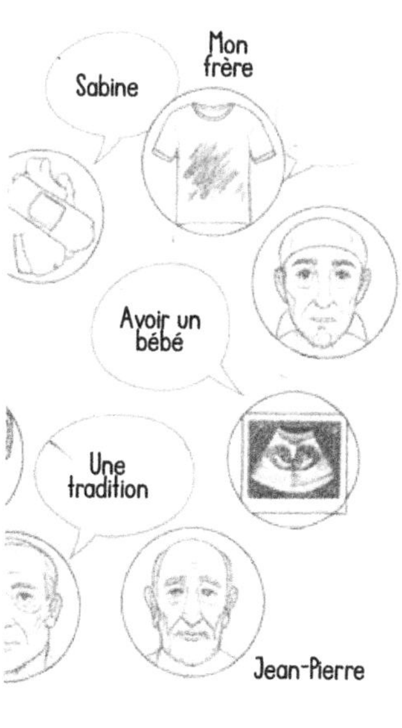

L’arbre qui m'a vu grandir, témoin silencieux d'un lien inaltérable.
La boucle est bouclée.

N-D DE L'ARBRE AU PUITS P.P.N.
DON DE LA Pesse
MARIE de LIGNE

Bibliographie

Peter Wohlleben, *La vie secrète des arbres,* Collection Proche, 2017

Peter Wohlleben, *La promesse des arbres,* Les Arènes, 2022

LOODTS, Benoît, *Les derniers arbres-fétiches de Wallonie,* Weyrich Edition, 2003.

Peter Wohleben, *Le pouvoir des arbres,* Collection Proche, 2025

James Eveillard & Patrick Huchet, *Croyances et rites populaires, Mémoires* éditions, Ouest-France, 2006

Christophe Lefèbure, *La France des croyances et des superstitions,* Flammarion, 2004

La revue des héritages culturels, natrimoine, *Aux arbres citoyens* Numéro 11, Novembre '25 - Février '26

Antoine Gosselin, *La Chapelle et l'Arbre-Fétiche de l'Erconpuch*, extrait du Bulletin de la Société des Naturalistes de Mons et du Borinage, Tomes XIII et XIV

Existe-t-il un rapport entre la forêt de Belœil et le cadastre d'époque romaine ?, Bulletin de la Société tournaisienne de Géologie, Préhistoire et Archéologie , 12, 3, 2010, p. 80-87, 3 fig.

Remerciements

Véronique Ravêche et **Françoise Lalieux** pour leur relecture

Musée Carlier de Stambruges pour les photos

Bernard Degaute pour ses photos

Françoise Lempereur pour ses conseils et son aide

Notélé et **RTBF** pour leurs différents reportages

Frédérique Thiébaut et **Sarah Courcelle** pour leur soutien journalistique

Association pour la Sauvegarde du Patrimoine de Beloeil pour leurs documents

EBP pour leur prix du mérite (Publica Awards)

Projet réalisé avec le soutien du Prix Wapithéa et de Prométhéa
Avec le soutien de la Wallonie

Wallonie patrimoine AWaP

Wapithea Prométhéa

Prométhéa

Merci à tous ces protecteurs du lieu qui, par leurs dons ou leur soutien, nous aident à conserver l'endroit.

Andre Michael
Bacq Catherine
Bacq Pierre
Baker Peggy
Bechamps Didier
Beghin Elise
Bienfait Marie-France
Bilsen Valerie
Blanchart Geert
Blois Fabian
Blois Maxime
Blomme Carine
Blondiau Eric
Bodson N.
Boite Nathalie
Brosicke Eddy
Brou Alexia
Bruyere Denis
Cailleau Christelle
Calomne Marie-Claude
Carpentier Valentin
Chevalier Pierre
Cloes Dominique
Colot Michel
Connexion Global SRL
Cornez Daphne
Coudyzer Andre
Croes Clémence
Croes Lionel
Croes Noella
Croes Olivier
Croes Sarah
De Cocker Bernadette
Debruxelles Jean-Paul
Deconinck Vanbecelaere
Defaut Sabrina
Degaute Bernard
Delegnies Jordan
Delguste Christian
Delmetz Ghislaine
Delplanque Benoit
Delplanque Sabine
Delplanque Sylvie
Delvin Desloovere
Demir Yakup
Denis Geoffrey
Denis Gilbert
Dervaux Guillaume
Devoet Michele
Deweer Christine
Dewolf Joel SRL
Dieu Marjorie
Dramaix Martine
Dramaix-Foultier Nathalie
Druart Frederic
Dubois Josiane
Dufrasnes Francois-Nicolas
Dupont Sabine
Durieux Vinciane
Englebert Marie-Therese
Evrard Vincent
Famille Deligne - Asseloos
Famille Drossart
Famille Vanden Berghe
Feu Debievre Ghislaine
Feu Quintin Antoine
Fondation Tictac
Foubert Fabien
Fouquemberg Evelyn
Fouquemberg Philippe
Frooninckx Annie
Galand Antony
Gevart Jean-Pierre
Givair Amélie
Gosselin Mary
Gualano Stephania
Guieux Cecile
Guy François
Harmegnie Cecile
Harmegnie Colette
Hars Jean-Louis
Henry Francine
Hermann Michel
Hostyn Marie-Therese
Hubert Herve
Kabore Chantal
Kaczmarek Alexandra
Kailany Michel
Kostyszyn Olga
Ladeuze Eric
Leclercq Jose
Leclercq Yvon
Lecocq Dominique
Lefort Carolan
Lembourg Raymond
Lepoint Thierry
Loos Juliana
Maini Marina
Maini Rina
Malaise Danielle
Malaise Marie-Aline
Malray Adelaide
Marghem Picron Claude
Marlier Gwendoline
Mira et Nono
Montreuil Marie-France
Morassutti Marguerite
Moulin Axel
Mounard Isabelle
Picron Marie-Paule
Pipers Colette
Pollart Philippe
Pollet Luc
Poppe Edouard
Pottier Claudy
Provost Patrice
Quintin Miguel
Quintin Myriam
Quintin Véronique
Razee Jean-Michel
Rey Daniel
Robert Marie-Anne
Roland Johanna
Roost Benoit
Simons Cecile
Staelens Claudine
Stellamans - Midavaine
Tournay Marie-Helene
Traina Ritchie
Van Quaille Yvo
Van Wymeersch Etienne
Vandierendonck Chantal
Verbiest Nicole
Vos Aurore
Wangermez Marie-Line
Wiseur Myriam
Wuilpart Desmet Georgina

Dépôt légal : février 2026

Made in the USA
Monee, IL
05 November 2026

67809040R00223